Space and Chinese Furnishings

来自传统文化的礼物

中国未来设计新趋势

目录

Content

作者

王时伟

故宫博物院古建部原副主任。
原乾隆花园研究与保护项目组成员。

赵鹏

故宫博物院古建部副主任，主持工作。
原乾隆花园研究与保护项目组成员。

张淑娴

故宫博物院古建部研究馆员。
原乾隆花园研究与保护项目组成员。

朱俊

建筑师，古建筑爱好者。
艺术和历史播客节目《路书》主播。

翟炼

美国宾夕法尼亚大学东亚系艺术史博士。
主要研究方向是中国建筑史和佛教美术。

李越

故宫博物院古建部乾隆花园项目组组长。
高级工程师。

刘仁皓

就职于故宫博物院古建部。
主要从事乾隆花园相关保护工作。

王子林

故宫博物院研究室主任。
乾隆太上皇宫原状恢复执行团队成员。

苑洪琪

故宫博物院宫廷部原副主任、研究馆员。
现受聘于乾隆花园研究与保护项目。

李湜

故宫博物院书画部研究馆员。

孔艳菊

故宫博物院文保科技部副研究馆员。
故宫博物院漆器镶嵌修护室副组长。

闵俊嵘

就职于故宫博物院文保科技部。
从事漆器文物修复与保护工作，研究各类髹饰工艺制度。

郭泓

故宫博物院修缮技艺部副主任。
高级工程师。

于倬云

中国古建筑专家。
故宫博物院原高级工程师。

傅连兴

中国古建筑专家。
故宫博物院原高级工程师。

摄影师

任超

文物摄影师。

高寒

职业摄影师。

穆泉

自由摄影师。
北京上尚空间设计有限公司艺术总监。

前言

文／樵夫

紫禁城里有座乾隆花园

乾隆花园里有座符望阁

符望阁是座精美的建筑

构思奇特

以迷宫著称

在我看来，对古代建筑艺术进行客观的分析，以找出某些放之四海而皆准的规律，似乎是很困难的事情。然而，所谓研究建筑的“学院派”的专家，也一直努力地寻找。正是在这些方面，我的看法或许与“学院派”有分歧，最初的时候我对此并不是很清晰，但在后来接触与欣赏的过程中才渐渐意识到。时至今日，我也坚信，任何有价值的欣赏和诠释，都是一种创造；只有创造，才能带给人们审美和想象，才令这些欣赏和诠释更有意义。

如果本书的专题有某些价值，那么支撑起这种价值的基准，不仅在于专业的陈述和研究，更多在于作者通过自己的想象和丰沛的情感，去拓展建筑与美术史上杰出作品的审美时空，以此来唤醒这些杰作的艺术生命。在没有我们这一专题之前，在没有我们以诚挚之心亲近符望阁之前，它是沉睡如初、寂寞无言的。换句话说，符望阁自乾隆皇帝始，至今已数百年了，但在绝大多数人甚至于建筑专家们的印象里，它依然是混沌的“无”，是还未萌发生命的“有”。所以，再伟大的作品，即使如符望阁，它也只有在具体的、单个的心灵中“复活”才有意义。符望阁的“复活”，也是一个盛世的“复活”，一门建筑艺术的“复活”和一个时代的“复活”的过程，也就是“文化”这个词的内涵得以丰富，艺术精神闪烁其光的过程。

符望阁是一件伟大的建筑艺术品，作为具有“迷宫”特质的建筑，既是建筑“河流”的过程，又是“河流”本身。它从乾隆皇帝的心灵中流淌出来，而敏感的心灵，还有一个更加遥远的源头——它从清代流至今日，此后还会流向更远的未来。

是的，到了乾隆皇帝的时候，清朝入关已近百年，祖先的萨满教信仰、游牧文化、白山黑水虽然是努力追寻的祖先文字里的美丽记忆，但物换星移，朝代更迭，山河早已面目全非，连祖先住过的宅院也不复存在。就是在那里，曾经有过金戈铁马，曾经有过无数的野鹿与羊群，曾经有过许多生龙活虎般的骑士在白山黑水间奔驰，曾经有过迷宫般的、让人着迷的地貌。站在旁观者的角度，乾隆皇帝没有更多返乡的记录，这时的他已经对白山黑水的故乡没有真正的记忆，然而血浓于水的情感强过一切，他对祖先的历史背景、风土人情充满了想要去了解的渴望，如从莽莽黑森林覆盖着的群山圣域中呼啸前来，所有这一切只能是一座没有谜底的迷宫，通过迷宫和祖先生活的土地发生联系。

乡愁本来就是一座迷宫，“还乡”原来不是旅程的终结，而是一条漫长探索之路的起点。而符望阁究竟是旅程的终点还是求索之路的起点，我不得而知。不过在紫禁城建成六百年的时候，在空间与时间的交汇点上，我们有幸能接触到符望阁这美轮美奂的建筑艺术，一如八旗子弟的一副金色马鞍，可以作为心灵上的慰藉，亦能令我们在记住乡愁的“还乡”路上，找到方向和目标。

俯瞰符望阁

符望阁四进院三维效果图

图片来源：王时伟、胡洁著《数字化视野下的乾隆花园》，中国建筑工业出版社，2018 年 1 月

妙阁蕴古香

符望阁概况

符望阁营建与修缮时间线

1772 年
清乾隆三十七年

宁寿宫区建筑大规模始建，符望阁建筑亦于此时开始营建。

1776 年
清乾隆四十一年

宁寿宫区建筑自始建至落成，期间陆续修建、添建，于乾隆四十一年完工。建成后，乾隆朝该建筑未有重要修葺活动。

1801 年
清嘉庆六年六月二十二日

修理符望阁琉璃顶珠。

据《内务府呈稿》，为拆安宁寿宫符望阁琉璃顶珠等项支领银两事："宁寿宫符望阁琉璃顶珠破坏，被风刮落半块，着交营造司将未坠落之破顶珠摘下，抹饰妥协，暂安木顶，俟琉璃顶珠烧得时再行安换，等谕特交奉此移咨工部琉璃窑烧造黄色顶珠一件，通高三尺，上径三尺，下径一尺八寸，照式烧得时送至应用。于七年二月二十八日据琉璃窑遣人将烧得顶珠一件送到，复于三月十三日前往宁寿宫符望阁安砌琉璃顶珠一件，周口抹饰油灰，上安顶珠，搭拆架子一座。"

符望阁各作成做出处对应表

（出自《养心殿造办处各作成做活计清档》）

符望阁各作	成做出处	大致日期
大墙表	养心殿造办处做钟处	乾隆三十九年正月二十一日
东西次间前檐窗户八扇，用玻璃八块	养心殿造办处金玉作	乾隆三十九年十一月初七日
东西梢间前檐窗户六扇，用玻璃六块	养心殿造办处金玉作	乾隆三十九年十一月初七日
花毡（南门里间面西宝座床一块；南门后间面南宝座床一块；南门罗汉床一块；西门中间宝座床一块；西门南间宝座床一块；西门北间宝座床一块；北门宝座床一块；东门面北宝座床一块）	养心殿造办处灯裁作	乾隆三十九年十二月初六日
符望阁殿内绣坐褥靠背套六分（无迎手）	杭州织造	乾隆四十年二月初七日
西门内南间罩外南墙画对一副	如意馆杨大章	乾隆四十年三月十九日
东门内明间北夹道北墙西边画斗一张，二层楼上东间罩内南墙画斗一张	如意馆顾铨	乾隆四十年三月十九日
南门内东间北墙挂轴心一轴	如意馆方琮	乾隆四十年三月十九日

1950 年

此次维修主要针对的是符望阁平座层楼板下承重梁长高工程。

据《故宫博物院档案》修建工程类，1950 年第 75 号，乾隆花园南北部修缮工程情况："1950 年 5 月 8 日，中央人民政府文化部文物局通知：查你院乾隆花园四九年度修缮工程原系由宝恒营造厂承做，其未完部分……限期完成……5 月 10 日会议记录：该处工程甚为重要，并且瓦顶均已拆卸，雨期前如不抢修完竣，损失甚巨……符望阁大木闪甚巨……6 月 1 日北京市文物整理委员会文件：准予六月三日三工程全部复工……乾隆花园北部四十工作日完工……8 月 18 日，乾隆花园第一步续加工程做法说明书。"

1992 ~ 1993 年

此期间的维修主要针对屋顶瓦件。

据《故宫博物院档案》修建工程类，1993 年第 8 号，符望阁维修工程情况："工程范围，一、二层查补，局部揭瓦檐头，添配瓦兽件，制作玻璃屉，安装玻璃，制安隔扇博缝……"

2003 年

开始对符望阁进行全面的研究与保护工作。

美国世界建筑文物保护基金会（World Monuments Fund）与故宫博物院扩大合作规模，在之前研究保护乾隆花园倦勤斋项目的基础上，开始致力于研究保护整座乾隆花园，而开始对符望阁全面的研究与保护工作亦在此时。

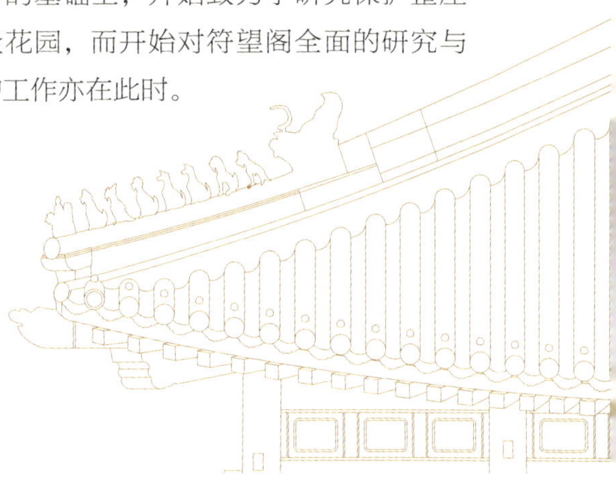

2014 年至今

符望阁的修复保护工作大体完成，在陈设、镶嵌工艺等方面仍有进一步恢复原状的空间。

乾隆花园研究与保护项目结束。与此同时，符望阁的整体建筑结构、建筑装饰等修复保护工作大体完成，与乾隆时期符望阁建讫时的面貌基本一致。此期间通过大量的考据、研究可以看出，在各个方面，符望阁都显现出它相对于紫禁城其他古建筑的独特性。目前，在陈设、镶嵌工艺等方面仍有进一步恢复原状的空间。

1887 年
清光绪十三年二月二十八日

台帮归安、瓦顶夹垄、地面拆墁、砖块换新。

据《内务府呈稿》，奏报遵旨查勘宁寿宫殿宇应修情形折：“谨将查明宁寿宫殿宇房间等项应修情形既酌拟做法缮单呈览……符望阁一座，现查上层东面前檐椽望糟朽，西廊压面伤折，台帮走错，谨拟拆修，上层檐头换安，压面归安，台帮錾斧扁光，其余头停夹垄。后东面游廊，现查台帮走错，槛垫伤折，谨拟归安，台帮槛垫换新，錾斧扁光，头停夹垄，前海墁石一块，后廊地面一块，现查砖石疏碱，谨拟海墁石挑墁，地面拆墁，砖块换新。”

1929 年

此时期修缮项目主要是瓦顶的夹垄捉节、更换飞头、添安勾滴。

据《故宫博物院档案》修建工程类，1929 年第 17 号，畅音阁、延辉阁、英华殿、符望阁等处修缮情况：“符望阁修葺各活拟做法，符望阁歇山大殿五间，进深七间，周围带廊子，上层檐头停拔除茅草，查补渗漏，夹垄捉节，找补勾头，整理檐头成做。下层后檐明间檐头坍塌，桁条糟朽，拟揭瓦檐头，钉补桁条，添换飞头、檐椽，补钉望板、连檐、瓦口，其余拔除茅草，查补渗漏，夹垄捉节，整理檐头，添安勾滴成做……以上木料琉璃筒板瓦均由院旧料内挑选使用，所有灰筋麻刀琉璃勾滴兽头仙人等由包工人自备。”

1817 年
清嘉庆二十二年十二月十六日

修理符望阁踏跺。

据《内务府呈稿》，为修理宁寿宫西路殿座房间等项找领银两事：“宁寿宫西路衍祺门、撷芳亭、遂初堂、养和精舍、符望阁、保泰门等处殿座添安瓦料，归安台帮阶条，仙台栏板俱钩抿油灰，仙洞内里提刷黄浆，各殿座院内随门院墙卡墙凑长九十四丈，上身二面提刷红浆，下肩剁磨见新，符望阁换做五踩踏跺三座，玉粹轩炉炕二座内添换盖板六块。”

1887 年
清光绪十三年四月初十日

台帮归安、瓦顶夹垄、上檐檐部椽望更换、地面拆墁。

据《内务府呈稿》，奏呈遵旨修理宁寿宫需用钱粮数目清单折：“谨将勘估宁寿宫殿宇房间游廊亭座墙垣海墁甬路等工钱粮数目清单呈览……符望阁一座五间，头停夹垄，上层东南角檐头椽望换安，下西面台帮拆砌，其余归安，石料錾斧扁光；后东面游廊一座三间，头停夹垄，台帮归安，槛垫石拆换，石料錾斧扁光；前山石海墁一块挑墁，山洞内甬路山石挑墁，东山院砖海墁一块拆墁。”

南门平台东边床罩内北墙画条一张	如意馆谢遂	乾隆四十年三月十九日
西门北间罩外画一张	如意馆姚文瀚	乾隆四十年三月十九日
西门内明间南墙画斗一张，北门内西间西墙夔龙门两边画对一副	如意馆贾全	乾隆四十年三月十九日
西门内明间北门东边画斗一张	如意馆周本	乾隆四十年三月十九日
二层楼上东间罩内东墙宝座上横披一张，南门内平台东边床罩内画条一张	如意馆袁瑛	乾隆四十年三月十九日
二层楼上西间罩内西墙横披一张，南门内北墙画对一副	如意馆徐扬	乾隆四十年三月十九日
西门内南间床罩内北墙画条一张，东门内明间南夹道南墙门西边画斗一张	如意馆黄念	乾隆四十年三月十九日
门上春绸帘刷	养心殿造办处灯裁作	乾隆四十年十月十八日
北门内西里间南墙，用白绢画盘山景全图	如意馆方琮	乾隆四十年十一月初九日、十一月十八日
宁寿宫转角楼符望阁用线法画四张	如意馆王幼学等	乾隆四十年十一月初九日、十一月十八日
符望阁明间罩内南墙画斗一张	如意馆袁瑛	乾隆四十年十一月初九日、十一月十八日

符望阁东门明间罩内南墙画斗一张	如意馆袁瑛	乾隆四十年十一月初九日、十一月十八日
顶楼上宝座绣褥一件配锦套	养心殿造办处灯裁作	乾隆四十年十一月二十日
楼上隔扇画帅门神四副（高二尺三寸，宽一尺）；楼下隔扇画仙童仙女门神四副（高二尺六寸五分，宽一尺四寸）；西游廊画仙童门神一副（高一尺九寸，宽一尺）	养心殿造办处	乾隆四十一年二月初六日
符望阁窗户十二扇，每扇安玻璃一块	养心殿造办处油木作	乾隆四十一年十月十二日
符望阁周围窗户安玻璃	养心殿造办处油木作	乾隆四十四年十二月十四日（要求当年年内安装完成）
符望阁后檐铜缸，照倦勤斋前檐铜缸铸造安设	养心殿造办处铸炉处	乾隆四十六年十月二十二日
西间东宝座南北墙、北间西门东墙共春屏彩胜四件[由原处现贴画二张（各高三尺五寸、宽三尺九寸），现贴字画二张（各高三尺六寸、宽一尺九寸）改做]	苏州织造	乾隆四十九年十二月初七日
东门内面北宝座后南墙一面，松竹梅大画一张	如意馆杨大章	乾隆五十年十一月二十三日
东门内面北宝座后南墙一面天然木根屏峰（风）后，照木根形式画线法，画片二层托贴画片，并做木片	养心殿造办处 如意馆伊兰泰	乾隆五十年十一月二十三日

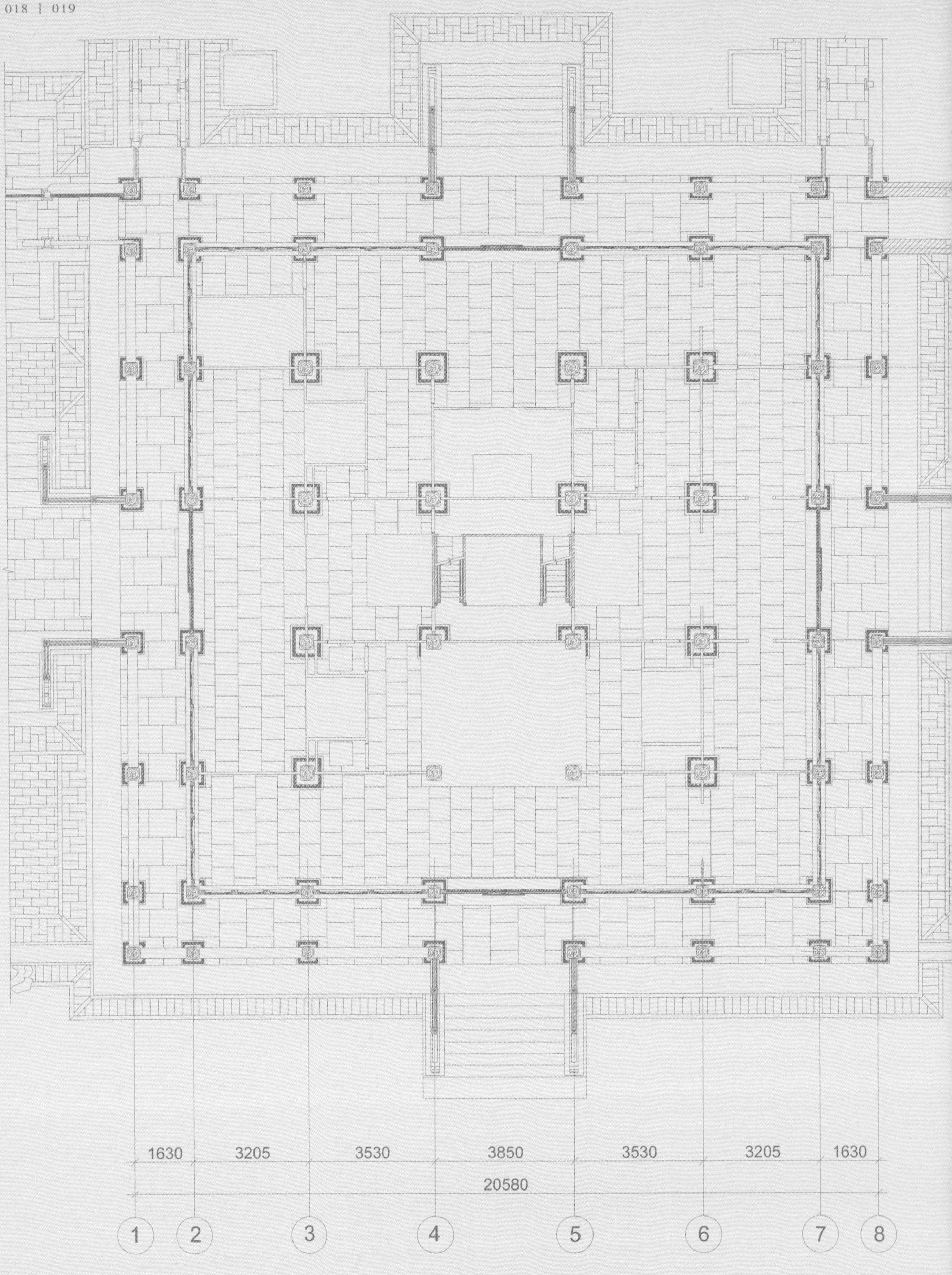
1630
3205
3530
3850
3530
3205
1630
20580
1
2
3
4
5
6
7
8

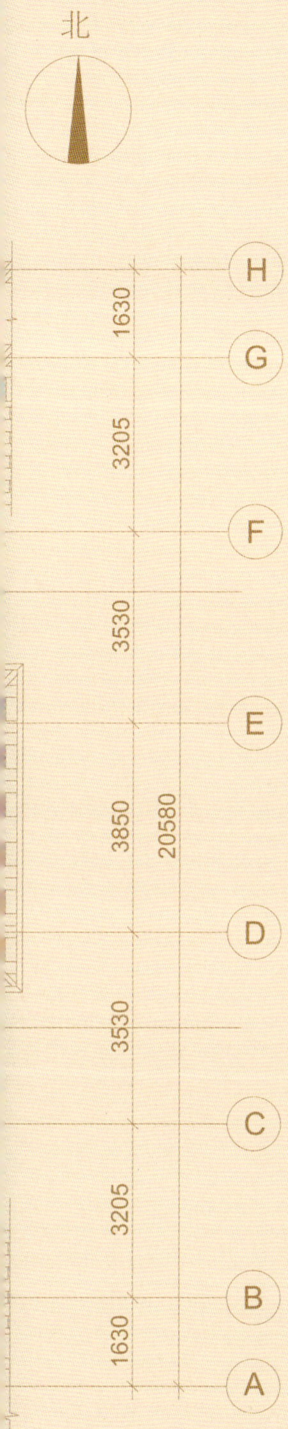

符望阁一层平面图

图片来源：故宫博物院编《乾隆花园研究与保护：符望阁（上）》，故宫出版社，2014年1月

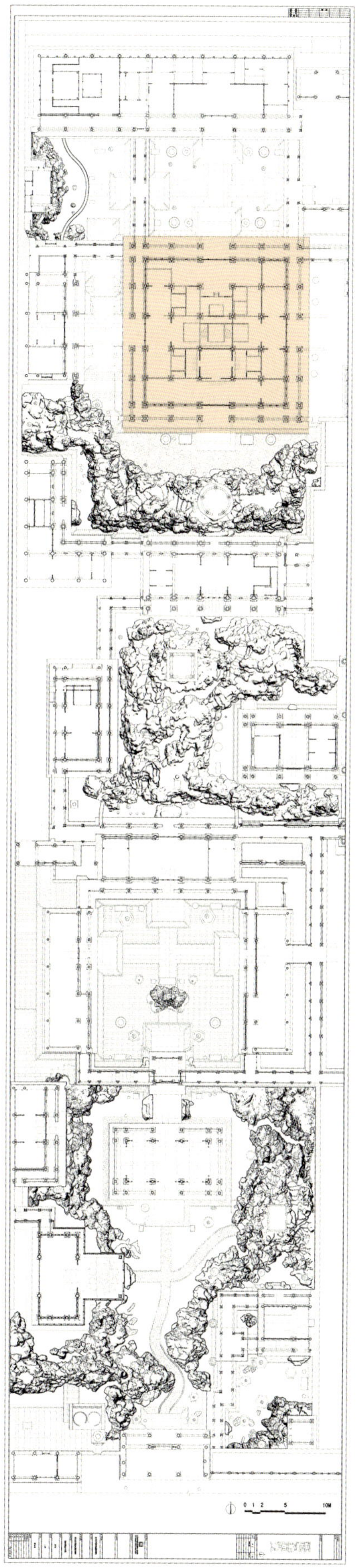

乾隆花园平面图

图片来源：王时伟、胡洁著《数字化视野下的乾隆花园》，中国建筑工业出版社，2018年1月

符望阁为何被称为『迷楼』

文／赵鹏

符望阁，是乾隆花园中体量最大的建筑。其复杂的内檐装修将楼阁分隔空间之多，往往让人步入其中不辨方向，只知入口，不知出口，被后人形象地称为“迷楼”。符望阁平面呈正方形，东西南北四个方向装修均不同，围合出的空间效果也有所不同。

南向是主入口，也是坐北朝南的“正室”，以坐落于须弥座之上的明间宝座为中心，整个南面通敞疏朗，若打开正面外檐隔扇，则视野更加开阔。宝座两侧各有通道通往东、西两面空间，其中东面的开关罩略显隐蔽，开关罩北侧一扇是通往东面的门，而相似的南侧一扇则封闭不开。

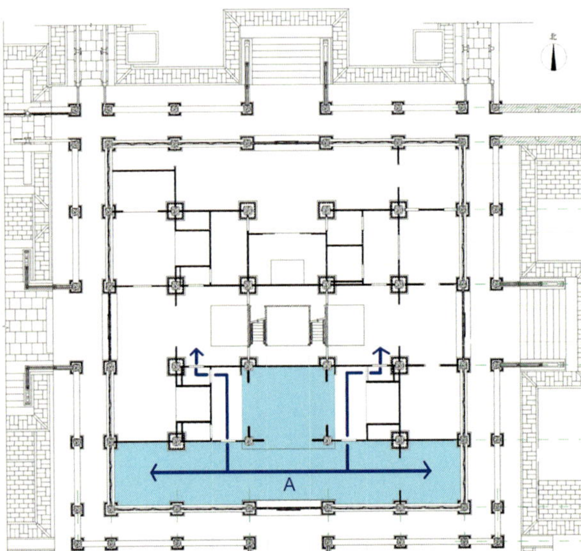

符望阁一层平面图——南

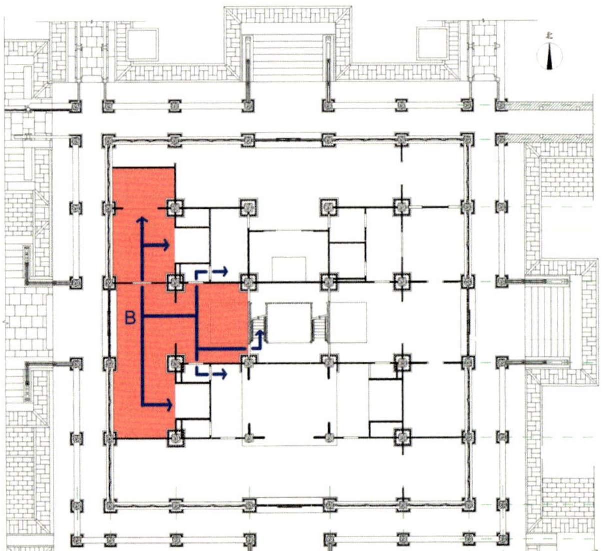

符望阁一层平面图——西

西面入口外可与玉粹轩相连，明间为宝座床，但它并不是整个西侧平面的正中。西面的空间关系整体偏北，北向透过一个小门可见北梢间的两扇精美炕罩。西面通过明间宝座床南侧通道与中间楼梯间相连。

北面的空间划分最为丰富。在明间宝座床之上多分出一个仙楼层，平添了空间的灰度和层次，明间宝座空间显得更加私密而幽深。站在北面空间的中心点可看见仙楼层和东梢间的门洞，透过东侧的这道门洞，可见墙上的挂钟，挂钟两侧是北面和东面相通的门口，这两道门形成的视觉通道延展了北面的空间序列。西侧有两道门洞，一实一虚，实门仅连接西梢间的夹道，虚门则以券洞门帘与东侧遥相呼应。

东面的空间感和西面如出一辙，交通流线也几近相同，只是在北梢间略作调整，其北向视野因一对券门而略显通透。明间正中也有一个宝座床。明间南北两侧均为栏杆罩，栏杆罩的存在将空间分隔得更加明确，东面与南面是中心对称感觉特别明显的两处。

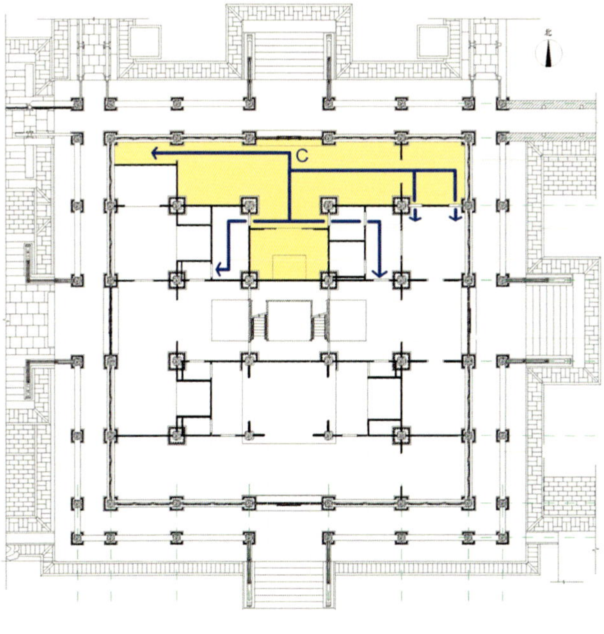

符望阁一层平面图——北

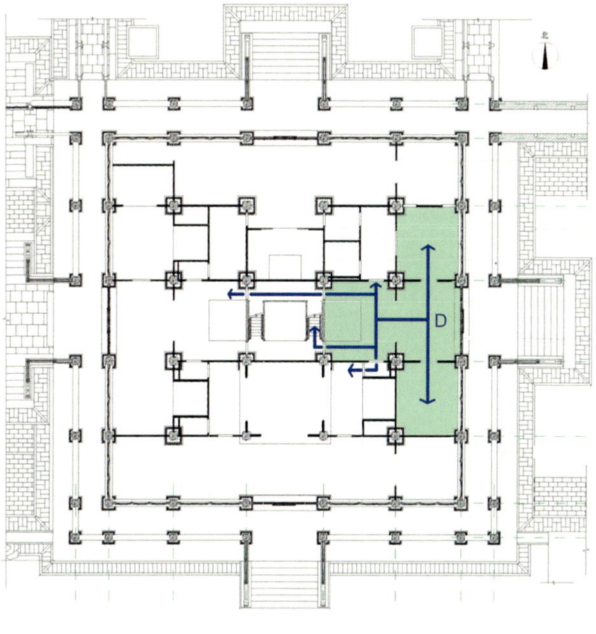

符望阁一层平面图——东

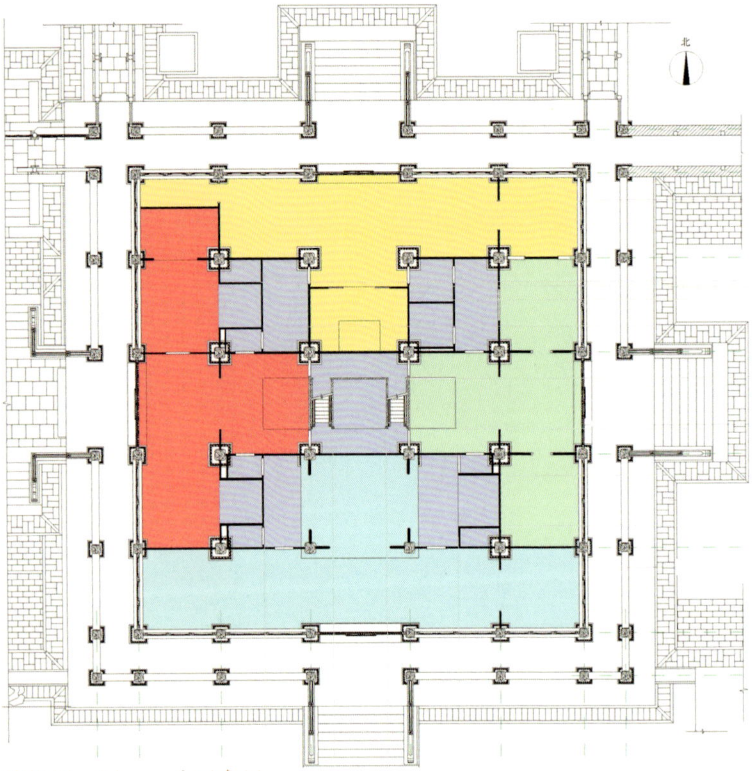

符望阁一层——分区布局

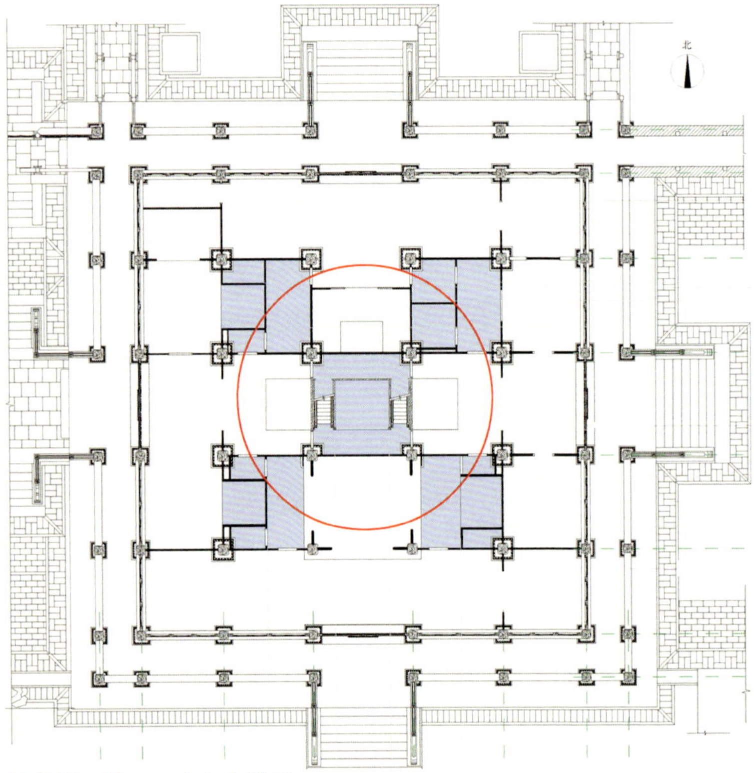

符望阁一层——中心交通区

四个方向的空间关系体现了我国传统建筑的空间布局。传统建筑空间组合基本上是借有限类型的空间形式作为基本单元，不断重复使用，从而获得统一变化的效果。它既可以按对称的形式来组合为整体，又可以按不对称的形式来组合成为整体。符望阁中四个方向的中心点均对应一处宝座，是空间的中心，以此基本类型模式为轴向两侧伸展，每个空间都略有变化，但又万变不离其宗，可以说是在相同中设计了不同，又在不同中融合了相同。同时，四个方向的连接方式是转折变化的，所以，人们行走其间往往感到迷失了方向，“迷楼”之称由此而来。

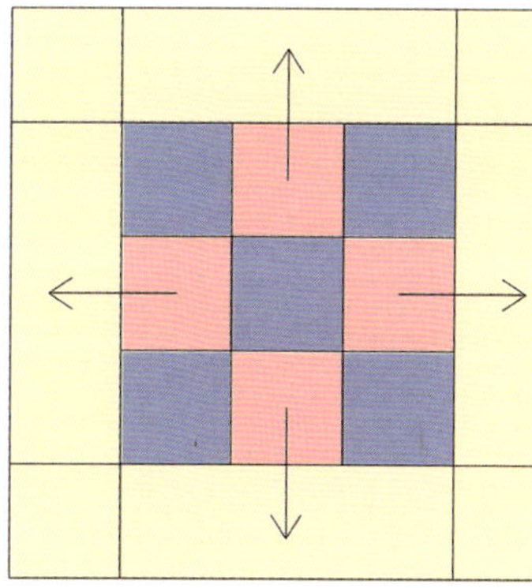

九宫格与四方形

除了四个方向的基本空间各具特色以外，整个建筑的交通分区也很有特色，或者说是很有规律。整体建筑平面的中间是符望阁的垂直交通枢纽，围绕中间的四角为符望阁的水平交通枢纽，分区明确，一目了然。类似于传统的九宫格图式。九宫格的正中和四角为交通空间，在正南、正北、正西、正东分别设有面向外围的宝座。这种平面布局似乎是将中国人传统文化中河图和洛书的图式物化了。有学者认为，河图是一个五方位的平面空间图式，其基本的形式为一个四方形的数字阵列；洛书则为一个九方位的平面空间图式，也是一个数字阵列。河图和洛书是大地五方与天界九野的象征，是两个分别表征大地与天宇的宇宙模式图解。再看符望阁的平面，似乎就是两种空间模式的重叠，中间九间是洛书九宫格布局，中间之外则类似河图的四方布局，而河图正是以九宫格的正方形为中心，环环相套，仿佛大地围绕天界。

对于符望阁的平面格局，刘畅先生认为：曾经有学者称，符望阁独特的集中式的空间格局是遵照“明堂”制度而建。所谓“明堂”，在春秋战国之前，是天子召见诸侯颁布政令，并兼顾祭祀祖先的场所，后成为最为重要的礼制建筑。

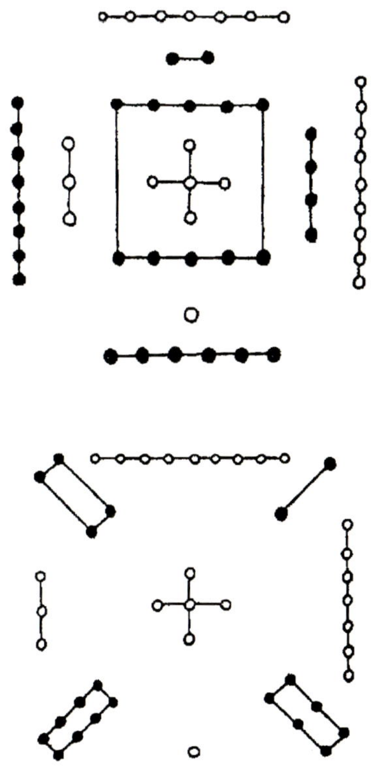

河图与洛书

明堂到底是什么样的？这个问题至今争论不休。不过明堂的大体样子还是可以推断的：明堂是一座多层建筑，建筑形式呈十字对称形，集中布置了五室，分列于四方和中央；明堂的空间分布和数字含义可以表达四向、四庙、四堂、四学、五方、五帝、五神、五德、五材、五色、五音、五味、五臭、五虫、五脏、五谷、五肉，以及十二月、十二律、十二居等名目。明堂之所以得名为“明”，主要在于它四方通达，上下连通，明朗开敞，同时比喻明政教、明尊卑、明方位、明时序，带有伦理意义和时空内涵。

对照明堂的大致格局，还是可以把符望阁的主要空间对号入座的。不过，符望阁除了建筑体型略有此意之外，所处的园林环境、变化多端的室内布局，都与整肃的礼制存在差距，与其说它是明堂，毋宁说它实质上是园林中点景的楼阁建筑，而多少搞了一点明堂的名堂。

哪一种解释更符合古人的始建思想，似乎并不重要。这样一种井然有序的空间模式反映出受传统文化影响的中国人丰富的创造性。在一个规规矩矩的正方形空间里，在符合礼制约束的情况下，竟玩出了迷楼的效果。同时，这种迷楼效果几乎完全反映在一层的平面中，如王贵祥先生所言：“古代中国人并没有立体中空的‘六合’空间，作为自己的观念，宇宙模式在中国人心目中，更倾向于水平分布的空间结构。”于是乎，在符望阁的二层（或称之为夹层），只是一个在正中间有隔扇合围的楼梯井。在三层，坐北朝南有一个屏风和宝座，再无其他遮挡，倒也符合御制诗里所言：“久道成淳化，太和播海隅；泽孚兆民望，念协八征符；励志肯堂构，传心守典谟；登临仰宸翰，奎耀焕皇都。”这是一种登临远眺、回顾先祖圣明英迹后下定决心时的心境，需要的正是开阔明朗的空间效果。

由此，符望阁一层繁复的空间组合和三层简单的“统一空间”，形成了鲜明对比，令人回味无穷。

符望阁剖面图

符望阁与延春阁的渊源

文／王时伟

符望阁所在的乾隆花园，包括整个宁寿宫区，是当时乾隆皇帝为归政后颐养天年而建。其中，乾隆花园北部建筑大多仿照建福宫花园而建，譬如，符望阁仿建福宫花园延春阁、倦勤斋仿敬胜斋、竹香馆仿碧琳馆、玉粹轩仿凝晖堂、云光楼仿静室、耸秀亭仿积翠亭。值得注意的是，乾隆花园北部建筑的营建，不仅仿照建福宫花园北部的建筑形制，而且连建福宫花园北部建筑的结构、布局、内檐装修、室内陈设也一并仿制了。

乾隆花园的“模板”——建福宫花园是乾隆皇帝即位后在紫禁城内开辟的一处，也是乾隆三十七年之前，紫禁城内唯一一处建筑结构、布局、内檐装修风格都别具特色、独出心裁的皇家花园，集宫、殿、楼、阁、斋、堂、亭、轩为一体，并藏有大量乾隆皇帝非常喜爱的文物、珍宝，可以说，乾隆皇帝在建福宫花园的营造上，花费了相当多的心力。

至于乾隆皇帝为何仿照建福宫花园北部的建筑修建乾隆花园，确切的原因不甚清楚，但可以推断，乾隆皇帝想要在归政后也能游憩休闲，赏玩从前喜爱的书画、珍宝，则按照建福宫花园的形制格局、内檐装修来修建乾隆花园，是最便利不过的了。

在之后的岁月里，建福宫花园毁于一场离奇的火灾，人们惋惜之余，历经多方努力，于2000年开启了建福宫花园建筑复建的工程。此工程在2006年竣工，也得益于有乾隆花园建筑——这个保存完好的“仿制品”，作为参考。宫

延春阁 穆泉摄

清 丁观鹏 太簇始和图
台北故宫博物院藏

清人画 万国来朝图轴
故宫博物院藏

臣事君以忠勞而
不自伐圖報即非
誠効命才力竭賞
功偶遺推安慶绝
干謁濫賞妄邀榮
立志真趋越求顕
恥欺蒙潔身隱巖
虛懷契道存

清虚延静泰

符望阁建筑之美

符望阁：乾隆皇帝建筑装饰美学的集大成者

文／张淑娴

豫葺优游地，略惭恭俭门。
其诚符我望，惟静候天恩。

符望阁是一座面阔、进深各五间四角攒尖式屋顶的两层楼阁，气势端庄而华丽，是乾隆花园内最高大的建筑，雄踞于乾隆花园的北部。

乾隆皇帝《题符望阁》诗中说："层阁延春肖（是阁肖建福宫中延春阁式为之），题楣意有存。耄期致勤倦，颐养谢尘喧。豫葺优游地，略惭恭俭门。其诚符我望，惟静候天恩。"符望阁是仿照建福宫花园内的延春阁而建的，他希望天遂人愿，能够实现他"归政理德，以待天庥"的愿望，因名"符望阁"。

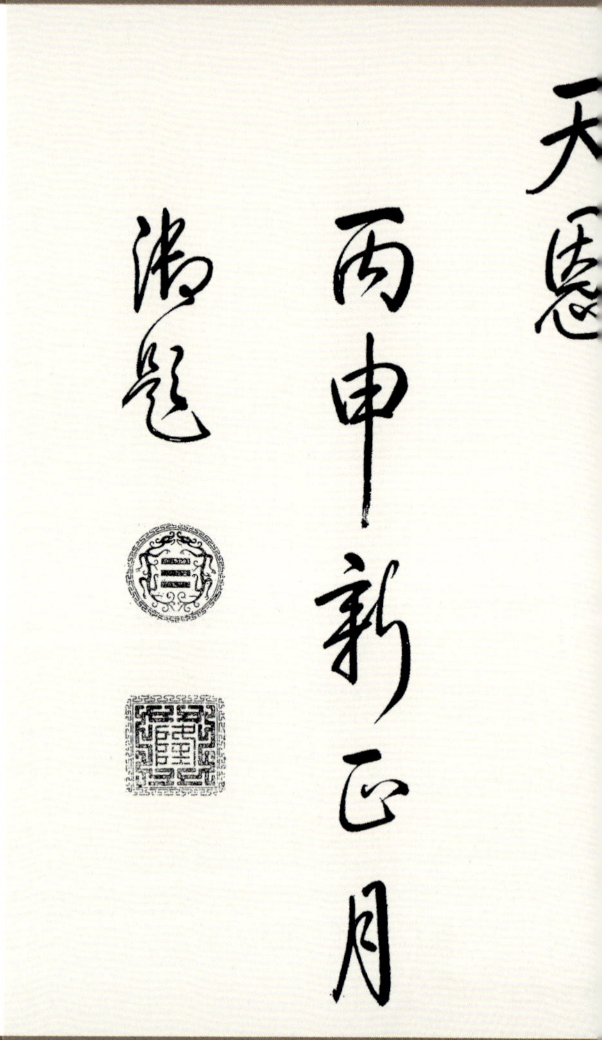

乾隆皇帝《题符望阁》诗

图片来源：故宫博物院编：《乾隆花园研究与保护：符望阁（上）》，故宫出版社，2014 年 1 月

層閣延春肯題
楣意有存耄期
致勤倦願養谢
塵喧豫葺優
游地略慚恭儉
门其诚符我望
惟靜候

异彩纷呈：符望阁内檐装修艺术

符望阁室内共三层，外加面北一个夹层（仙楼）。室内一层共分为五个空间，中间楼梯间，其余四个空间，用落地罩、栏杆罩、几腿罩、炕罩、仙楼、板墙等装修分隔，划分为若干小间，既有对称的又有不对称的，形成千回万转的迷离幻境，使初入之人难以辨认方向，因而有“迷楼”之称。

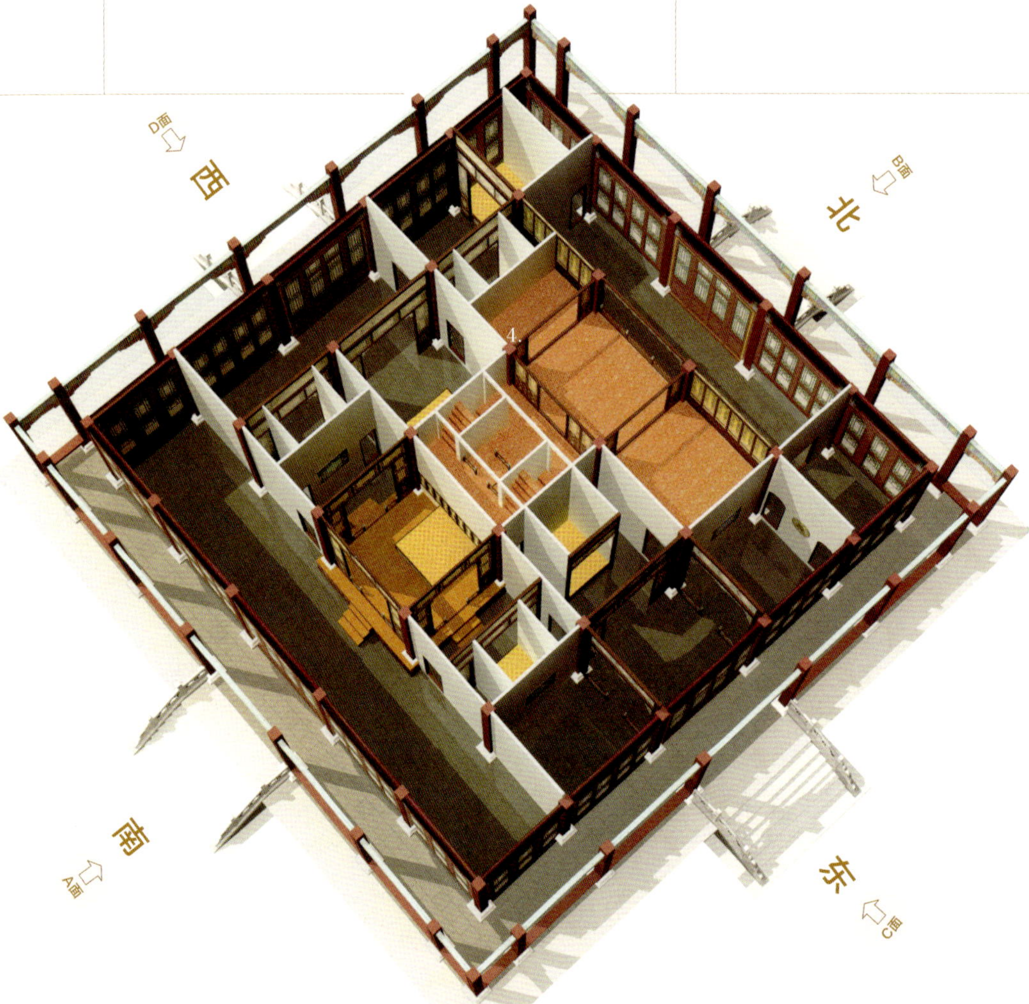

图 1	图 2		
	图 3	图 4	图 5

图 1：符望阁室内空间效果图

图 2：符望阁北间炕罩 高寒摄

图 3：木嵌玉绦环板

图 4：鸂鶒玉雕镶嵌槛窗

图 5：紫檀回纹嵌玉双面绣缠枝花卉夹纱方窗

走进符望阁，最引人注目的除了迷幻的空间格局之外，还有琳琅满目的内檐装修，令人眼花缭乱。

从符望阁北门进入，迎面看到的是一座仙楼，仙楼下明间正中面北设一坐榻，炕罩横披心隔心暖板都是用木雕嵌玉组成灵芝寿石寿桃图，绦环板裙板则用纹理如羽毛般起伏流动的鸡翅木镶嵌回纹玉璧。宝座床的背板上槛窗木雕嵌玉通景佛手灵芝图。北墙东西各嵌入一扇紫檀回纹嵌玉双面绣缠枝花卉夹纱方窗。仙楼雕漆挂檐板，雕漆福寿纹，大小相间排列在挂檐板上。回纹栏杆两旁槛窗上紫檀木回纹嵌玉双面绣夹纱隔扇，槛墙用双色木条拼嵌万字锦。

向东穿过两个门口进入东间，自南向北隔为四间，明间西设落地罩，南北各一栏杆罩，紫檀木制作，横披心隔心用紫檀雕刻回纹灯笼框，如意纹卡子花上镶嵌臣工书画夹纱，回纹花牙子，绦环板裙板紫檀雕回纹。上部提装壁均为雕漆云龙纹，三面罩连为一体。落地罩内面东一宝座床，前立紫檀木几腿罩，嵌铜鎏金云龙纹暖板及提装壁，宝座床前南北有通道连接两翼空间。北间用板墙相隔，两侧各开一门，墙正中安西洋表盘，外面是小表盘，里面是大表盘。南间设宝座，宝座后安设天然木根雕制的屏风，南墙用董诰松竹梅大画装饰。南北次间西壁上各开一如意回纹嵌珐琅双面绣缠枝花卉夹纱方窗。据查这是一处乾隆皇帝看戏的场所，北栏杆罩内是一个小戏台，嵌表盘墙两边的门供演员们上下场用，搭上木台铺上地毯就可以演戏，乾隆皇帝坐在南间的宝座上，观看对面的表演。

图 6：符望阁东间图 任超摄

图 7：珐琅镶嵌落地罩、铜鎏金坐榻 高寒摄

图 6	图 7

十二龍賓蘊古香
一雙虎僕擁華藻

图8：紫檀雕回文灯笼框镶嵌珐琅如意纹卡子花臣工书画夹纱隔心

图9：符望阁戏台图 高寒摄

图10：紫檀回纹嵌珐琅双面绣缠枝花卉夹纱方窗

图11：紫檀嵌铜鎏金云龙纹暖板

穿过迷宫般的过道来到南面，装修与别处不同，它明间正中立了一个紫檀木须弥座，背面隔断板紫檀嵌玉如意框槛窗，东南西三面设紫檀木落地罩，落地罩的横披心隔心是回纹嵌玉灯笼框，夹纱既不是臣工书画也不是双面绣，而是用了珍贵的漆纱，漆纱是一种经纬交织并饰满中国传统金箔的织物，绦环板裙板则是用一根根纤细的竹丝拼成万字锦地再贴雕回纹嵌玉，工艺极为复杂。须弥座上面南放置华丽的黄花梨嵌象牙鸡翅木山水图宝座、屏风。这里才是正间，乾隆皇帝面南坐在宝座上，欣赏着门前的山景。另外，房间内还有几处珍奇的装修，比如东梢间落地罩横披上提装壁，有一幅百宝嵌缠枝藤树画。须弥座东夹道有一个小坐榻，榻前安落地罩，提装壁为百宝嵌博古纹，落地罩的一边隔扇是可以开启的，开启后则是一个小通道，通向东间。西夹道墙上与东夹道榻后的墙上各嵌一扇紫檀如意回纹嵌琉璃双面绣缠枝花卉夹纱方窗。

图 14：竹丝镶嵌绦环板裙板（局部）

图 12：符望阁南间须弥座宝座间 高寒摄

图 13：漆纱图

图15：黄花梨框漆嵌象牙鸂鶒木山水图屏风宝座
现陈设于故宫博物院家具馆

图16：符望阁东梢间落地罩　高寒摄

图17：符望阁东夹道落地炕罩　高寒摄

图18：紫檀如意回纹嵌琉璃双面绣缠枝花卉夹纱方窗及琉璃（局部）

图 19：符望阁西侧宝座间嵌珐琅落地罩　任超摄

最后来到西间，在西间的明间、南次间并排安设了两个落地罩，明间落地罩后面西设一坐榻，坐榻前为通道，南次间面西设一炕。明间北面墙中开挂屏式紫檀木草龙纹小门，北间面南、北次间面西各设一炕罩。西部空间落地罩也都是紫檀木的，横披心隔心为紫檀木满嵌珐琅灯笼框臣工书画夹纱，回纹嵌珐琅花牙子，绦环板裙板镶嵌铜鎏金草龙图案，炕暖板为嵌螺钿龙草拐子纹。横披上提装壁均为百宝嵌《松竹梅三友图》。

图 20：嵌珐琅落地罩隔扇隔心　任超摄

图21：嵌铜鎏金绦环板裙板　高寒摄

沿着符望阁的楼梯上到二层，二层用槛窗沿楼梯间围合一周，槛窗下部楠木裙板，上部楠木灯笼框回纹卡子花隔扇心，装修简单，隔为回字形空间。

再往上走就到了符望阁顶层，符望阁顶部是龙凤角蝉云纹随瓣枋八角混金盘龙藻井，青绿双龙天花，房间内设紫檀木桌案、龙椅，背罩巨大的紫檀木博古格屏风，上悬“仁德大隆”匾额。顶层无任何隔挡，空旷敞亮，仅设宝座屏风，视野开阔，简单庄重的家具陈设可凌驾于一切，气势非凡。顶楼隔扇门南开，凭栏北望，景山诸亭历历在目，北海琼岛的湖光塔影亦尽收眼底；南望则是金碧辉煌的紫禁城殿宇建筑群，近处亭台朱楼，奇石古柏，展现出一幅优美的画面。

图 22：符望阁二层楼梯间与仙楼隔扇 高寒摄

图 23：符望阁南假山上碧螺亭

图片来源：王时伟、胡洁著：《数字化视野下的乾隆花园》，中国建筑工业出版社，2018年1月

图 24：符望阁顶层空间 高寒摄

	图 23
图 22	图 24

符望阁顶层空间 任超摄

扬州意匠：符望阁内檐装修的制作

乾隆三十五年（1770），离乾隆皇帝许诺的执政六十年还有二十五年的时间，他为了实现“禅让”的理想建造太上皇宫——宁寿宫，专门成立了宁寿宫总理工程处，负责宁寿宫的建筑工程。乾隆皇帝任命兵部尚书福隆安、内务府大臣三和、大学士英廉、户部尚书和珅等为宁寿宫工程事务大臣，用这些权倾一时的当朝大臣，共同管理宁寿宫工程。并为此组织了一批精干的工程队伍，承建宁寿宫的浩大而华丽的建筑。

符望阁主体建筑是宁寿宫总理工程处组建的建筑队伍建造，其内檐装修则不是工程队伍中的“小木作”制作的，也不是内务府造办处的“油木作”制作的，而是交给扬州定制。

档案记载从乾隆三十八年开始，时任扬州两淮盐政盐运使的李质颖不断地接到内务府寄来的信件，勒令承办宁寿宫区域后路包括符望阁等建筑的内檐装修。

乾隆三十八年（1773）十月初六日。李质颖恭请陛见。奏。十月十八日。奴才李质颖谨奏，为仰恳圣恩事。……伏查六七等月接奉内务府大臣寄信，奉旨交办景福宫、符望阁、萃赏楼、延趣楼、倦勤斋等五处装修。奴才已将镶嵌式样雕镂花纹，悉筹酌分别预备杂料，加工选定，晓事商人，遵照发来尺寸详慎监造。今已办有六七成，约计明岁三四月可以告竣。

乾隆三十九年（1774）四月初四日。奴才李质颖谨奏，为奏闻事。窃奴才于上年六七等月接奉内务府大臣英廉等寄信，奉旨交办景福宫、符望阁、萃赏楼、延趣楼、倦勤斋等五处装修并烫样五座、画样一百三张，等因。到扬，奴才随即遴派熟谙妥商选购料物，挑雇工匠，择吉开工，上紧成造。奴才不时亲身查视详慎督办，今已告成。奴才逐件细看包裹装船，于四月初四日开行，专差家人小心运送进京，除备文并造具清册呈送工程处逐件点收听候奏请安装外，敬将装修五分镶嵌式样雕镂花纹绘图贴说先行恭呈御览。谨缮折具奏。伏乞皇上圣鉴。谨奏。

图 25：奏折

李质颖接到旨意后，立即组织商人，积极备料，挑选、组织技艺精湛的工匠，选择吉日加工制作。装修制作完成后，将装修包裹装船，并把制作的装修数目造具清册，以便点收，还绘制图纸说明方便安装，派人运往京城，交于宁寿宫工程处。

修建宁寿宫之时，正值扬州在清代历史上最辉煌的时期，经济发达、工艺先进、盐商聚集、人文荟萃，各项手工业如漆器、治玉、珐琅以及久负盛名的“扬州八刻”（木刻、竹刻、石刻、砖刻、瓷刻、牙刻、刻纸、刻漆）等工艺品生产达到了鼎盛，因此，扬州成为江南地区里能与苏州争雄的工艺美术中心。

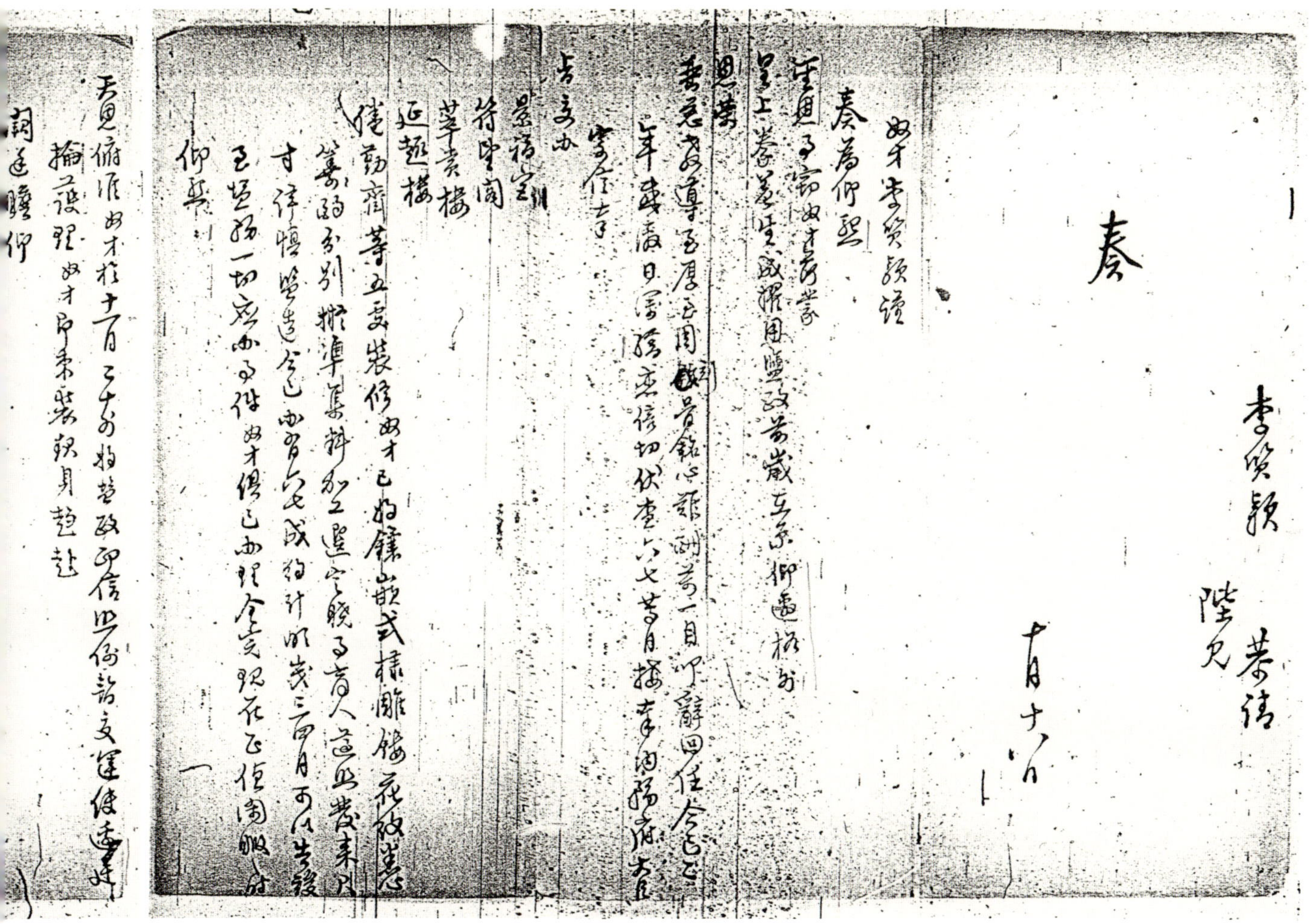

符望阁的装修凸显扬州工艺

扬州地区漆器制作独领风骚，雕漆是扬州最负盛名的工艺品，符望阁北间仙楼挂檐板，以点螺为地，红雕漆菱形图案，四周以四个如意纹围成，如意纹边饰雕刻回纹，内刻缠枝花纹，图案中央椭圆形图案，边饰亦为回纹，中间缠枝花环绕“福寿”字。符望阁东间提装壁，点螺地上并排三副雕漆图案，黑红雕漆工艺，木质胎体上髹两道漆，底漆为黑漆，面漆为朱漆，图案为略变形的菱形，外圈红雕漆四个相扣的双边如意纹环绕，边饰雕在黑底色上用日本金漆的表现方法画出刻回纹，内雕锦纹，图案中间黑雕漆云龙纹，上方为一正面龙，下方两龙相对。

图 26	图 29
图 27	图 30
	图 31
图 28	

图 26：雕漆福寿图案

图 27：龙纹雕漆图案

图 28：符望阁紫檀木框嵌螺钿博古百宝嵌迎风板

图 29：百宝嵌迎风板（局部）

图 30：百宝嵌迎风板（局部）

图 31：百宝嵌迎风板（局部）

百宝嵌工艺是扬州特有工艺，也称为周制。“周制之法，惟扬州有之，明末有周姓者始创此法，故名周制。其法以金银、宝石、珍珠、珊瑚、碧玉、翡翠、水晶、玛瑙、玳瑁、砗磲、青金、绿松、螺钿、象牙、密（蜜）蜡、沉香为之，雕成山水、人物、树木、楼台、花卉、翎毛，嵌于檀梨漆器之上。大而屏风、桌椅、窗隔、书架，小则笔床、茶具、砚匣、书箱，五色陆离，难以形容，真古来未有之奇玩也。”（清·钱泳《履园丛话》）即是将各种宝石制成各种形状，镶嵌在漆地器物表面。符望阁南面东次间开关罩博古图提装壁，就是一幅百宝嵌博古图，用点螺为底面，点螺是用贝壳、夜光螺等为原料，精制成薄如蝉翼的螺片，再将薄螺片“点”在漆坯上，故名“点螺”。薄螺片用胶漆按事先设计好的图案依次点上去，全都粘好之后，候其干固，于面上再涂一层色漆，待漆干燥，便进行打磨，将螺钿花纹上的漆磨去，就显出了螺钿拼成的平整的图案了，在光线的照射之下五彩缤纷，闪烁变幻，绚丽异常。再用青玉、白玉、玛瑙、瓷器、螺钿、铜器、硬木、树根等各种材质镶嵌博古图案。点螺平滑如镜，五彩熠熠；宝石花纹突出，立体感强。画面构图疏密有致，主次分明，色彩绚丽，气韵古雅。符望阁西面提装壁，粉色漆地上刻出朵朵冰裂梅花，上面用白玉、碧玉、木质等材料雕刻松竹梅图案镶嵌在漆地上，构成一幅百宝嵌松竹梅岁寒三

友图。炕暖板则将螺钿做成拐子龙形状，有白色，有朱砂色，龙上刻细纹，再配上红花绿草，五彩熠熠，密致如画。

扬州琢玉技术发达，清宫内重逾万斤的《大禹治水图》玉山，即为扬州制作，并成为稀世之宝而闻名遐迩。符望阁内装修，大量采用玉雕饰品，有立体玉雕如佛手、玉桃等，也有装饰着玉璧、玉环的。

图 32：百宝嵌梅花图案

图 33：百宝嵌松枝图案

图 34：百宝嵌竹图案

图 35：符望阁紫檀框嵌玉迎风板

图 36：符望阁西梢间紫檀边框百宝嵌炕檐板（局部）

图 37：符望阁西梢间紫檀边框百宝嵌炕檐板

图 38：玉雕

图 39：玉佛手

图 40：木雕槛窗

图 32	图 38	图 40
图 33	图 36	图 39
图 34		
图 35	图 37	

扬州是清代珐琅三大产地之一。扬州珐琅镀金厚重，色彩冷艳，图案生动，华美中不乏清丽。符望阁隔罩上镶嵌着大量的珐琅，都是扬州地区制作的。

符望阁琳琅满目的装修中凝聚了扬州工匠的智慧和心血，展示了扬州工艺的精湛，体现了扬州的装修意境。

图 41：珐琅

图 42：珐琅

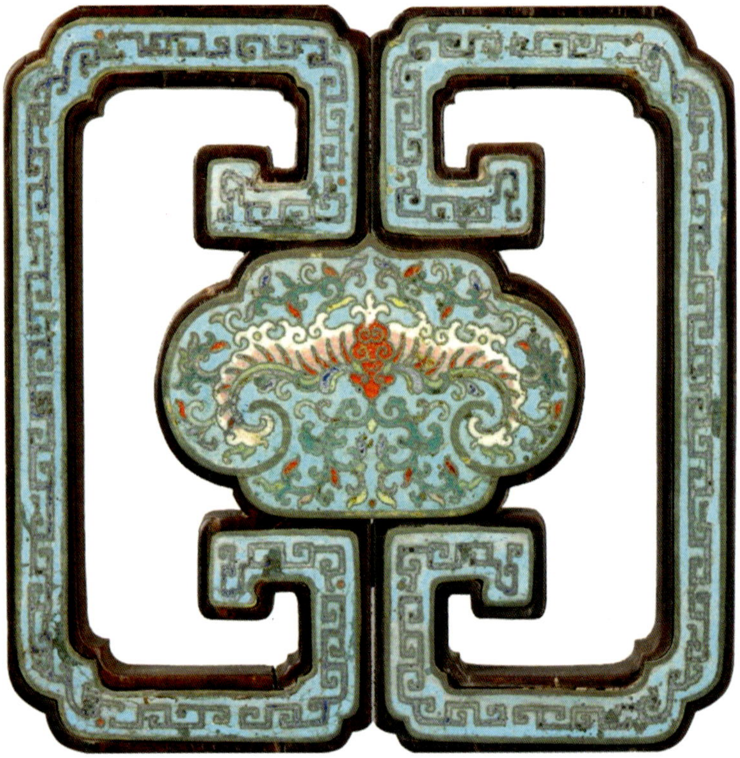

嵌珐琅落地罩 任超摄

包容万象：乾隆皇帝的建筑装饰美学

乾隆皇帝之所以把符望阁的装修交给扬州制作而非其他地方，除了扬州财力和工艺的支撑外，与乾隆皇帝建筑装饰美学不无关系。

乾隆皇帝在位期间（1736–1795），在紫禁城内进行了大量的兴建和改造工程，乾隆皇帝尤为关注皇宫建筑的内檐装修，他不是将它们简单地作为空间隔断物，还把各种名贵材料和工艺融入到装修中，成为一种宫廷艺术，使间隔的本意演化成绚丽的空间。为此倾注了大量的心血，也反映出他的喜好及建筑装饰审美的品位。

乾隆早期，乾隆皇帝受到康熙、雍正时期的艺术熏陶以及艺术品技术和风格的延续性，内檐装修基本上继承了康熙晚期到雍正时期的艺术风格，以描金漆和斑竹包镶工艺为主要特点。符望阁的蓝本——建福宫花园内的延春阁，虽然已被毁于一旦，但档案记载乾隆早期初建时的延春阁室内装修几乎都是描金漆的。由于乾隆皇帝对于广州风格的偏好，在清宫创立了广州风格的紫檀装修。

从乾隆十六年开始，一次次的南巡，江南秀丽的园林美景和精雅的装修，与乾隆皇帝自身的文人气质相碰撞，催化了他的文人审美趣味，他的装饰美学逐渐发生变化，由早期错彩镂金的风格逐渐向江南文雅、精细的风格转变，在皇家建筑内檐装修中形成一股清新淡雅、细腻委婉的浓郁文人意趣。

然而，帝王和文人毕竟是两个不同的角色，代表着各自的艺术品位。帝王艺术有着重要的政治倾向，让一般人产生敬畏感是皇家艺术所追求的目的，它们

符望阁：乾隆皇帝建筑装饰美学的集大成

宁寿宫是乾隆皇帝在紫禁城内所建的一组最大的建筑群，乾隆花园作为他归隐田园的优游之处，乾隆皇帝将一生对于建筑营造的热情和装饰美学集中在此，园林布局错落有致，建筑形式千变万化，室内装修更是异彩纷呈，展现出建筑装饰的华美乐章。符望阁作为乾隆花园内最大的建筑，统领着整个花园，是乾隆皇帝的鼎力之作，室内装饰犹如华美乐章的高潮和总结。

乾隆花园建筑室内装修丰富多样，花园里的每一座建筑都有自己代表性的独特品类，如倦勤斋的竹黄和双面绣，萃赏楼的攒竹和玻璃画，延趣楼的瓷片和螺钿，三友轩的木雕，还有宁寿宫乐寿堂的珐琅和铜鎏金，颐和轩的竹丝镶嵌，景祺阁的百宝嵌，等等。这些各式各样的装修材料和工艺都集中地体现在了符望阁中，内檐装修采用的工艺和材料非常丰富，使用紫檀木、乌木、鸡翅木、沉香木、楠木等珍贵木材，采用木雕、玉雕、雕漆、竹丝、錾铜、螺钿等工艺，材质奢华至极，珐琅、玉石、玛瑙、玳瑁、螺钿、孔雀石、青金石、珊瑚、象牙、玻璃等应有尽有，用纱、双面绣、臣工书画和漆纱作夹纱，它是乾隆花园内装修最为丰富的建筑。如此之多的材料集中于一座建筑中，难免产生杂乱无序的视觉感受，为了避免这种感受，室内每一区的风格又趋于一致。南面装修以竹丝镶嵌和百宝嵌见长，东面装修是紫檀嵌珐琅和铜鎏金装饰，西面是珐琅、铜鎏金、螺钿及百宝嵌，北面则突出了立体木雕和玉雕做法。各种材料工艺变化统一于符望阁室内装修中。

正如故宫博物院所藏“各种釉色大瓶”，集青花、粉彩、仿哥釉、霁蓝、描金等釉色和工艺于一瓶之中一样，符望阁的内檐装修是建筑中的各种釉色大瓶。乾隆皇帝把他对于各种艺术品的爱好集中于符望阁内，成为建筑中工艺品的集锦，建筑的多宝格，琳琅满目的镶嵌是别处宫殿所罕见的，它是紫禁城内装修最丰富、用材最珍贵、装饰最华丽的房间。“移天缩地在君怀”，是乾隆皇帝包罗万象的装饰美学的体现。宫

必须符合宏伟、壮丽以及仪式性的美学品位。经过多年的励精图治，清帝国到乾隆中晚期政权稳定，经济繁荣，边疆巩固，乾隆皇帝开始把更多的精力投入到文化艺术方面，通过《四库全书》的收录、艺术书籍的编纂、重整清宫典藏这些文化艺术活动，不断地修改和总结他的艺术品位，清新淡雅的文人情趣虽与乾隆皇帝的文人气质相契合，但他是一个雄才大略的皇帝，他不仅代表着自己，也是一个大国之君，要树立皇宫艺术形象，表现出泱泱大国的风范。文人式的游赏布置只是简单模仿和点缀，帝国形象的宫殿必然表现出富丽堂皇的皇家气派。老年乾隆皇帝的装饰美学趋向于包罗万象、睥睨天下的宏大之美。

此时的扬州以雄厚的财政为基础，借助于各项工艺的优势，依托着盐商富贾的审美趣味，建筑室内布置富丽堂皇，古玩珍宝、花木竹石不计其数。“雕象牙、紫檀、花梨屏风，并铜、瓷、玉器架垫，有龙凤、水云、汉纹、雷纹、洋花、洋莲之奇，至每件有费千百工者。至此雕工日益盛。”（清·钱泳《履园丛话》）室内装修精美豪华。“仰顶满糊细画，下铺棕，覆以各色绒毡。间用落地罩、单地罩、五屏风、插屏、戏屏、宝座、书案、天香几、迎手靠垫。两旁设绫锦绶络香襆，案上炉瓶五事。旁用地缸栽像生万年青、万寿蟠桃、九熟仙桃，及佛手、香橼盘景，架上各色博古器皿书籍。”（清·李斗《扬州画舫录》）将玉石、珐琅、竹子、瓷片、玻璃等多种材料运用到装修中，华丽的同时不失江南风格中的细致，形成了扬州建筑内檐装修特有的风格，造就了扬州装修形式多样、色彩丰富、工艺繁多的特点。

正是扬州盐商豪华的气派和建筑装修中镶嵌各种珍奇材料所呈现的多元化的、绚丽富贵的艺术风格，适合代表繁荣昌盛的清代中期的国家形象，符合老年乾隆皇帝的装饰审美，受到他的特别关注。

符望阁紫檀雕如意回纹嵌景泰蓝夹纱方窗

筑室多妙趣

符望阁建筑空间的意趣

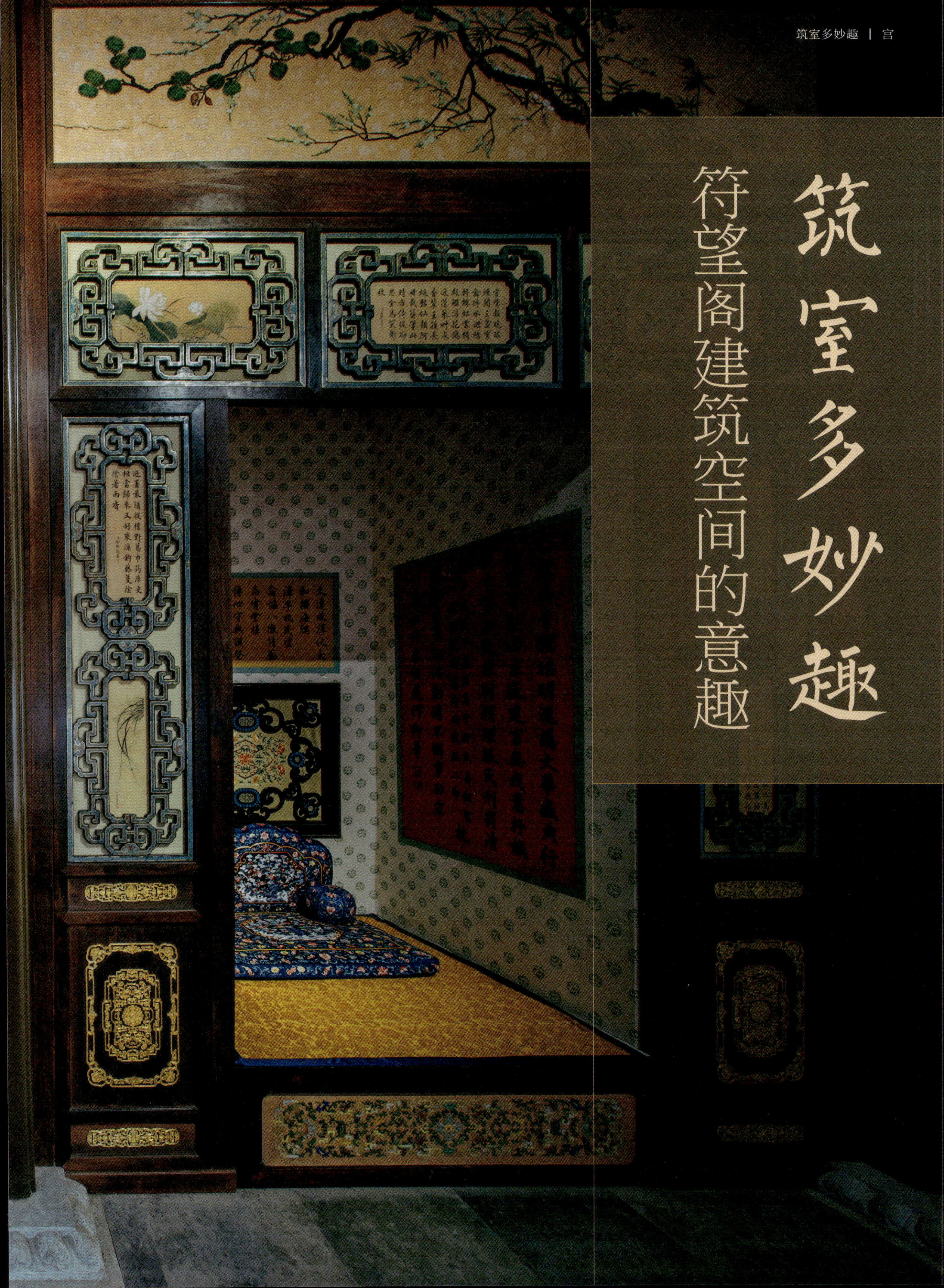

符望阁的建筑工艺

文／李越

技术的融汇——南方与北方、宫廷与地方

符望阁及乾隆花园以其精美的内檐装修令人折服，其主要原因在于完美融合了当时中国南北方极其精湛的手工艺。

通过比较存在于宁寿宫区的两种建筑工艺风格，可以看出它们大致的特点及区别。其一，两淮盐政承办的内檐装修多采用珍稀木材实做或包镶，如紫檀、黄花梨、乌木、鸡翅木，甚至包括极为名贵的沉香木；宫中内务府造办处多用楠木、柏木，少量使用紫檀木雕刻花结作为点缀。其二，两淮盐政承办的内檐装修采用多种镶嵌手法，涉及玉器、珐琅、瓷器、料器、錾铜等多种工艺，并大量使用竹丝、竹黄、斑竹攒拼等不适于北方气候的做法；宫中造办处所做除绦环板、裙板云盘纹路之外，较少使用镶嵌做法。第三，两淮盐政承办的内檐装修多用夹纱绣片纹饰，其工艺技法均高于内务府所出。

江南造作除了直接承办内檐装修工程之外，还派送大量匠人供役内务府造办处，不仅承接内檐装修工程，还要制作宫廷家具，是为“南匠”。其时，造办处中“南匠”比“旗匠”具有更高的地位，报酬也丰厚得多。在清宫造办处档案中，亦可

与紫禁城中别处宫廷建筑的室内装修不同，符望阁内檐装修在选材上极少用金，主要采用古木、绿玉、珐琅、铜、螺钿、雕漆、琉璃、宝石等装饰材料，仅在个别罩隔的局部采用铜鎏金纹饰，这些材料的选择表现出乾隆皇帝在象征气质与财富之间的取舍。

材料还需要依靠技艺的高超和娴熟，方能体现它本身的气质，以及设计者的品位。珍稀木材、美玉、象牙、珐琅、铜、螺钿、雕漆、琉璃、宝石的组合，既要庄重沉稳而又不失华丽奇彩，匠师们采用平嵌、凹嵌、浮雕、透雕等多种技艺，巧妙地利用材料的质地特性和自然纹理，将多种材料合理地组合在各个空间中。薄如蝉翼的螺钿在阳光的照射下七彩斑斓，厚重朴素的紫檀木被雕刻成遒劲有力的苍松，纹理细腻的象牙经过染色被雕刻成片片嫩叶，紫色水晶代表着繁茂的紫藤花，个个迎面而来……室内各个朝向又有各自的代表材料，东侧的珐琅装饰，南侧的竹丝嵌玉，西侧的乌木镶嵌，北侧的沉香透雕，在统一中力求变化，让欣赏者在“迷楼”中迷而不失，近距离地领略材料与技艺的独特魅力。

有趣的是，当我们进一步探究符望阁及乾隆花园内檐装修所反映出的材料和工艺的应用，我们不难发现，乾隆皇帝已经逐渐显露出他对新奇艺术风格的追求。在符望阁的内檐装修中，乾隆皇帝降旨于李质颖，使一些重要殿宇的内檐装修和家具配饰由南方匠人完成。南方工匠所偏爱的材料，包括竹、玉、珐琅、瓷器、玳瑁、铜器、漆器及各种可被用于镶嵌的硬木，在当时的宫中尚属稀有，它们的引进极大地丰富了皇家装饰风格，拓展了造办处“旗匠”们的思路与技艺，使皇家装修风格融入了江南细腻华美的典型特征。

符望阁南间落地罩细节 穆泉摄

时代的辉煌——工艺与材料

符望阁及乾隆花园的艺术品位，代表着乾隆皇帝的审美取向。在这里，热衷于汉文化的乾隆皇帝刻意关照并竭力表现着古代文人士大夫的儒雅隐逸之风，使之不啻为皇宫中的文人园。因此，乾隆花园的众多建筑及室内装修无论布局造型，还是援名用典，都蕴含着隽永而微妙的意味。

符望阁室内装修采用了大量含有象征意义的装饰元素来表达空间主题，例如，松、竹、梅。这三种植物在中国传统文化中都象征着君子的气节，常被应用于传统建筑装饰中。因此，可以看到，在乾隆花园中，这类装饰元素的使用是最频繁的。

查阅到大批南方各地卓越的设计师、工艺匠师。这些优秀的匠师从地方征选到造办处来设计和制造各种活计，自然要充分施展自己的才艺，把他们从民间带来的最好的样式和花纹展现出来，其作品必然会受民间流行风尚的影响；造办处不时会将一些装修和家具的设计图样和工料交给各地督抚、织造等官差来承办，在这些民间作坊的制作过程中，皇家的艺术风格无疑也会引导民间风尚的流行。

不管是“南匠”北作，还是南材北用，这种地方与宫廷间的技术融合极大地促进了清中期传统手工业技术的发展和交流，地方丰富的工艺技术与装饰材料运用到宫廷装饰中，对皇家建筑内檐装修工艺技术的丰富与发展起到了促进作用，这种创新与变革给清中期的内廷装修带来了清新亮丽、自然唯美的艺术风格；与此同时，皇家传统建筑庄重简约、端庄大气的装饰风格也随之传播到各地，影响了民间建筑装饰风格。这种交融与传播，在不断吸收、借鉴和革新的过程中，使宫廷与地方装饰技术都得到了充分的发展。

符望阁南间落地罩挂槛联上的漆艺 穆泉摄

未曾扰动的历史信息

对于乾隆花园的历史演变，至今引以为据的清宫历史档案为数众多，内容繁杂。我们循着时间的顺序对花园的兴修做一个简单的梳理。

花园主体建筑从筹建至完工历时三年（1770 – 1773），从拆除旧有房屋，到筹备工料，从假山的堆叠，再到主体工程的完竣，自北而南，大小二十余座房屋逐次建成。之后的六年，门窗制作，硬木隔扇加工安装，贴落、匾额装裱，以及园林设施、室外陈设的安置，其间还不乏建筑物及园林设施的添加和改建，工程进展紧张有序。

档案可见，对符望阁建筑本体的修缮最早始于嘉庆六年（1801）："宁寿宫符望阁琉璃顶珠破坏，被风刮落半块，着交营造司将未坠落之破顶珠摘下"，"照式烧得"。此后的二百余年，规模较大的修缮活动共有四次：嘉庆二十一年至二十二年间（1816–1817），对衍祺门、撷芳亭、古华轩、延趣楼、碧螺亭、养和精舍、符望阁、倦勤斋、玉粹轩等均进行了保养性修缮。光绪十三年（1887），保养性修缮几乎涉及花园中所有建筑。光绪十六年（1890）夏"大雨连旬，昼夜浸灌，殿廷大多渗漏，处所繁多，情形甚重"。三友轩、抑斋、撷芳亭、禊赏亭、旭辉庭、古华轩、遂初堂东西游廊、延趣楼游廊、耸秀亭、碧螺亭、养和精舍、符望阁、净尘心室、竹香馆等建筑，均出现瓦顶渗漏、木构糟朽、瓦片脱落等现象。1950 年，中华人民共和国成立之初，在"文整会"的参与下对乾隆花园进行了分期、分段整修，其中对符望阁进行了重点加固。以上的几次修缮仅涉及瓦面、檐头和大木加固，建筑形制、格局、装饰风格均未改变。

内檐装修方面，除了乾隆五十八年（1793）对倦勤斋藤萝顶棚脱落状况的零星记载，《活计档》中未见对该区其他建筑内檐装修的修缮记录。但是，从符望阁现存贴落和隔扇心绘画及法书作品的款识分析可知，除部分贴落为乾隆朝原物，其余贴落及隔扇心均出自光绪皇帝及光绪朝如意馆画师之手。经档案比对，贴落和隔扇心的更换应源于"光绪十九年（1893）筹备慈禧万寿，修饰宁寿宫"之时。现场勘察，除墙纸有多次裱糊痕迹，其他内檐装修和陈设均为始建时原状，从未受到人为干预。更为可喜的是，经故宫博物院库房文物核查，找到一大批清室善后委员会时点查的文物，包括符望阁室内为数众多的

挂屏、挂对、插屏、家具等，其形制、材料、工艺做法均完整地保留了清中期的典型特征，为文物的复原研究和保护提供了详实的实物依据，具有珍贵的历史原真性。

建于乾隆三十七年（1772）的符望阁，仿自建福宫花园的延春阁，从建筑形式到体量几乎如出一辙。1923 年的一场大火，延春阁及其所在的建福宫花园顷刻间成为废墟，这座瑰丽的皇家花园连同无数珍宝化为灰烬，仅留下残缺的柱础和阶条石让人凭吊。七十七年后，当我们试图复建延春阁时，发现其平面尺寸与符望阁几乎毫厘不差。这次，符望阁戏剧性地成了复建延春阁的“母本”。故宫博物院于 2000 年起历时五年，以乾隆花园为原型，对建福宫花园所有建筑进行全面复建，完整地再现了花园的历史原貌。但由于缺乏档案支持等诸多原因，建筑内檐装修难以再现辉煌，为这些华美的宫殿留下了终生的遗憾。正因如此，今天的符望阁及乾隆花园建筑内檐装修所反映出的历史原貌就显得尤为珍贵。特别是符望阁现存内檐装修的布局及样式的原真性，其空间分隔的复杂与多样，装修材料的珍稀与丰富，工艺技术的繁复与细腻，集中反映出乾隆时期内檐装修的典型特征，是具有极高历史研究价值的遗迹。

技艺与科技的留存

虽然已数次巡游江南，并将江南园林及建筑装饰工艺带回皇家苑囿和宫廷建筑，但乾隆皇帝那颗好奇心却从未平息，“万物皆备于我、移天缩地在君怀”的情愫驱使着他一次次面临创新与变革的挑战。

由于对汉文化的强烈偏爱，乾隆皇帝虽然亲历了祖父康熙皇帝“断不可做套房”的教诲，却仍对江南士族的建筑装饰工艺大力推崇。以符望阁为例，建筑空间划分不再拘泥于传统柱网结构，功能需求被当作室内设计的第一原则，借助封闭和半封闭的隔断与罩隔营造空间的疏朗与幽暗、封闭与流通；室内格局不再拘泥于空间的对称性，空间组合更加强调功能与审美的需求；仙楼的出现打破了竖向空间平均分配的呆板，空间组织更为灵活丰富，空间的开合更富戏剧化、情趣化。所有这些设计手法在乾隆时期都得到了完美的升华。

不仅如此，为了避免建筑中有限的室内空间所带来的压抑感，乾隆皇帝还大规模地引进了源于西洋的通景画。尽管乾隆花园不是紫禁城中唯一存在通景画的地方，但是这里通景画的使用频率确实非比寻常。由于郎世宁以后这代画师的工作方法和成果没有在其他地方

重复采用，乾隆花园的通景画才显得尤为珍贵。如果将宫廷绘制通景画的频率绘制成图表，郎世宁时期无疑是一个创作高峰，而他的学生王幼学在乾隆花园中的创作实践无疑是又一个高峰。乾隆四十年（1775）十一月初九日，乾隆皇帝曾下旨：“宁寿宫转角楼、符望阁用线法画四张，着王幼学等画。”令人扼腕的是，目前上述四张线法画除了乾隆花园养和精舍（宁寿宫转角楼）有两幅留存外，符望阁通景画原物及殿内遗迹已难觅踪影，我们难以想见当时的画意和布局，为今天符望阁的保护和研究带来些许遗憾。

当然，时代留给我们的不仅仅是华美的建筑和器物，实物背后的技艺与传承更令我们珍视。符望阁所代表的官式建筑传统营造技艺集中体现在传统设计、传统材料、传统工具及传统工艺技术上。建筑和装修设计的比例尺度为我们揭开了古代匠师的设计方法和发展规律，装饰构件榫卯连接的复杂与多样、镶嵌工艺的巧妙应用体现了一代匠师的聪明才智。这些技艺历经一代代匠师们的口传心授，伴随着鲜活的建筑与装修一直沿用到今天，成为符望阁保护工作的重要技术保障。

符望阁：乾隆皇帝的艺术空间

文／刘仁皓

符望阁位于宁寿宫花园第四进院落中，是仿照故宫建福宫花园延春阁所建的楼阁式建筑，内设三层；平面呈集中式方形布局，四面都是面阔五间带围廊。

复杂变幻的平面布局和来自江南匠师的内檐装饰，使得符望阁的空间极具艺术性，可以看作是乾隆时期最高的设计与技艺水准。因此，以下对乾隆皇帝在符望阁中所创造的艺术空间进行分析与解读。

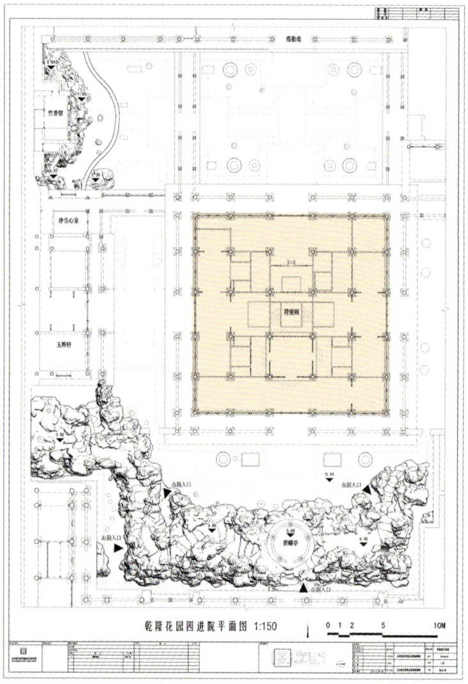

符望阁区域平面图

图片来源：故宫博物院古建部

符望阁北面室间宝座床的落地罩 高寒摄

符望阁总体布局

符望阁于乾隆年间建成后，陆续又有针对内檐装修的调整，最终形成今日格局。研究人员经过整理现场痕迹、解读历史档案及空间布局，判断符望阁西面明间北缝白墙、西面北次间北缝炕罩及西面北梢间睡炕，均为慈禧时期进行的增建或修改，并对乾隆时期的符望阁平面进行了推测复原。复原后的符望阁平面呈 5×5 的方格网状。一层平面以中心十字为轴，具有明显的“集中性”和“对称性”。中央为通向仙楼、二层的交通核，东西南北四向则被各式隔罩、装修分隔成四个“凸”字形空间，是雍正皇帝所言“曲折隔断之套房”的典型代表。

清代宫廷室内常以宝座、屏风为中心进行平面布置①。在符望阁首层，包括中央交通核以及四方的“凸”字形空间在内的几组空间序列，就均以中央宝座或宝座床为中心，左右对称地进行空间布置。根据档案记载，除中央交通核心处的宝座床为寝宫睡炕以外，首层其余六座宝座床均为坐具，其上设置单人坐褥靠背，供皇帝日常写字、读书、饮茶、会客所用②。

四方空间各自功能、主题、装修、纹样均有所不同，彼此之间不直接连通，而是以次序的小空间作为过渡，仿佛四个独立殿宇背靠背地连在一起，中间由回廊相连③。当打开各面明间的隔扇门时，皇帝可以坐在宝座床上欣赏到完全不同的风光。

从上述空间形式及功能组织上看，符望阁首层的空间由内至外被划分为了“中央、四方宝座、外层‘一字型’空间”三个层次。最中央的空间最为私密，承担了寝宫的功能；而最外围的空间最为开放，可以作为娱乐空间连通室外。由于符望阁集中发散式的平面极为罕见，一些学者认为，这种形式可能源于中国传统的“明堂”④制度。

今人推测，明堂的主要空间特征包括中心对称、内具五室（中央及四方）以及多层楼阁式外观，同时，住在明堂之中的帝王遵循古法，即按照与四季变换之时序相对应的东南西北方位顺序依次住在不同的房间内，直到完成一年的轮回⑤。

这些正是天子掌控天下、沟通神灵等特权的符号化特征，而在符望阁之内几乎

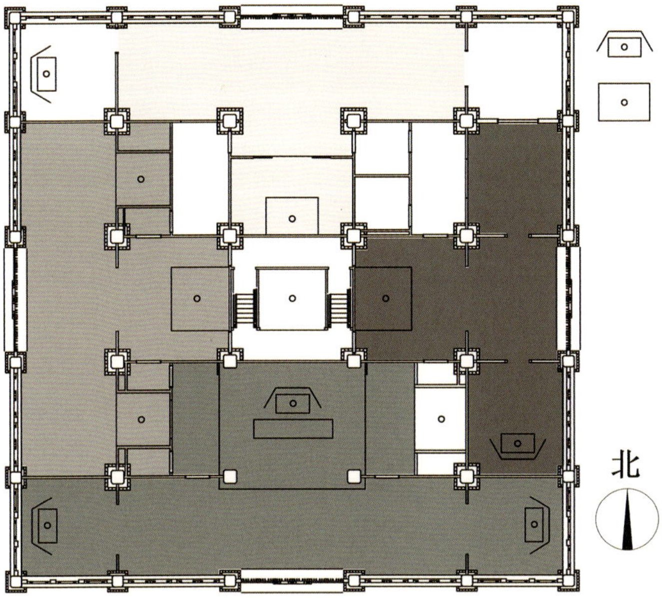

符望阁复原平面图
图片来源：故宫博物院古建部

都有迹可循，如中心对称与多层楼阁之类，“明堂五室”与符望阁首层的空间形式的对比。

而符望阁四面的隔扇开启后对应的不同景色或许可以对应帝王在明堂中所享受的四时之景。然而，乾隆皇帝对于符望阁空间设计时究竟如何思虑现已无迹可考，为何一座极类明堂的建筑会出现在园林之中今人也很难解释，也许就如乾隆皇帝为符望阁题写的诗句所述，年逾花甲的乾隆皇帝此时已经感到命运无常，只想在符望阁中潜心修养、静候天恩[6]。

①朱家溍：《故宫退食录》，紫禁城出版社，2009年。

②黄燕虹：《漫话紫禁城里的炕》，《紫禁城》2014年8月号，第55—59页。

③ 赵雯雯、刘畅、蒋张：《符望阁》，《紫禁城》2009年6月号，第16—23页。

④“明堂”一词早在《周礼•考工记》中就已见记载，其功能在不同朝代有所不同，但大抵是被用作帝王祭祀、布政，乃至寝居之所，是封建王朝最为重要的礼制建筑之一。

⑤王贵祥：《明堂、宫殿及建筑历史研究方法论问题》，《北京建筑工程学院学报》2000年1月刊，第30—49页。

⑥《清高宗御制诗四集》卷三十四《题符望阁》：“层阁延春肖（是阁肖建福宫中延春阁式为之），题楣意有存。耄期致勤倦，颐养谢尘喧。像葺优游地，略惭恭俭门。其诚符我望，惟静候天恩。”

經書與旨暢敷陳
筵啓文華維仲春
有定持心能靜志
知人則哲始安民
庚辰仲春經筵作
御筆

符望阁一层南面宝座间的落地罩 穆泉摄

除整体规划意匠以外，符望阁在室内空间的营造上也颇具匠心。在四方尺度、平面基本相同的“凸”字形空间中，乾隆帝利用不同形式的内檐语汇创造出了变化丰富的室内空间，堪称清代宫廷建筑室内设计的代表⑦。

下列符望阁一层内檐陈设情况以方位表述⑧。

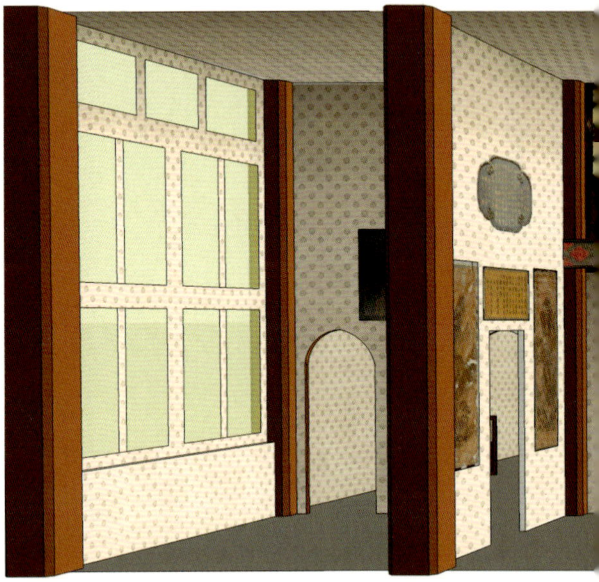

符望阁北面

符望阁北面三进设室内仙楼，明间设宝座，次间两侧高悬乾隆帝御题匾额，落地罩隔心对称地贴有臣工字画贴落；空间整体看来复杂而有序，内檐装饰精致又奢华。

符望阁北面空间通过设置几腿罩、落地罩、花窗等多层内檐构件，创造了丰富的空间层次和视觉效果；不同内檐构件叠加在一起像是层层框景，将游览者的视线吸引到空间的正中心——皇帝宝座之所在。

同时，北面空间的西侧真假门的设置无疑使空间更富趣味。更值得注意的是，北面空间还采用了仙楼的装饰手法。仙楼是清宫室内常用的设计之一，即利用内檐装修手段围合空间，在单层空间内形成局部二层和通高空间的对比。仙楼一般均跨开间设置，一侧被划分为诸多小隔间，使得内侧的上下层和外侧的通高空间产生了鲜明对比。仙楼的做法在宁寿宫区域并不少见，如乐寿堂、倦勤斋，而符望阁北面的仙楼落地罩中夹双面绣，轻薄的绣品使得空间两边光影互相影响却又不过分透露，这种空间之间的若即若离感，使符望阁的仙楼空间成为典型。

⑦刘畅：《乾隆朝皇家宫室内檐装修设计研究》，中国紫禁城学会编：《中国紫禁城学会论文集》第三辑，2007年，第7页。

⑧此部分内容，由研究人员依据乾隆时期遗留的内务府档案、清室善后委员会编纂的《故宫物品点查报告》查证、推测而来。

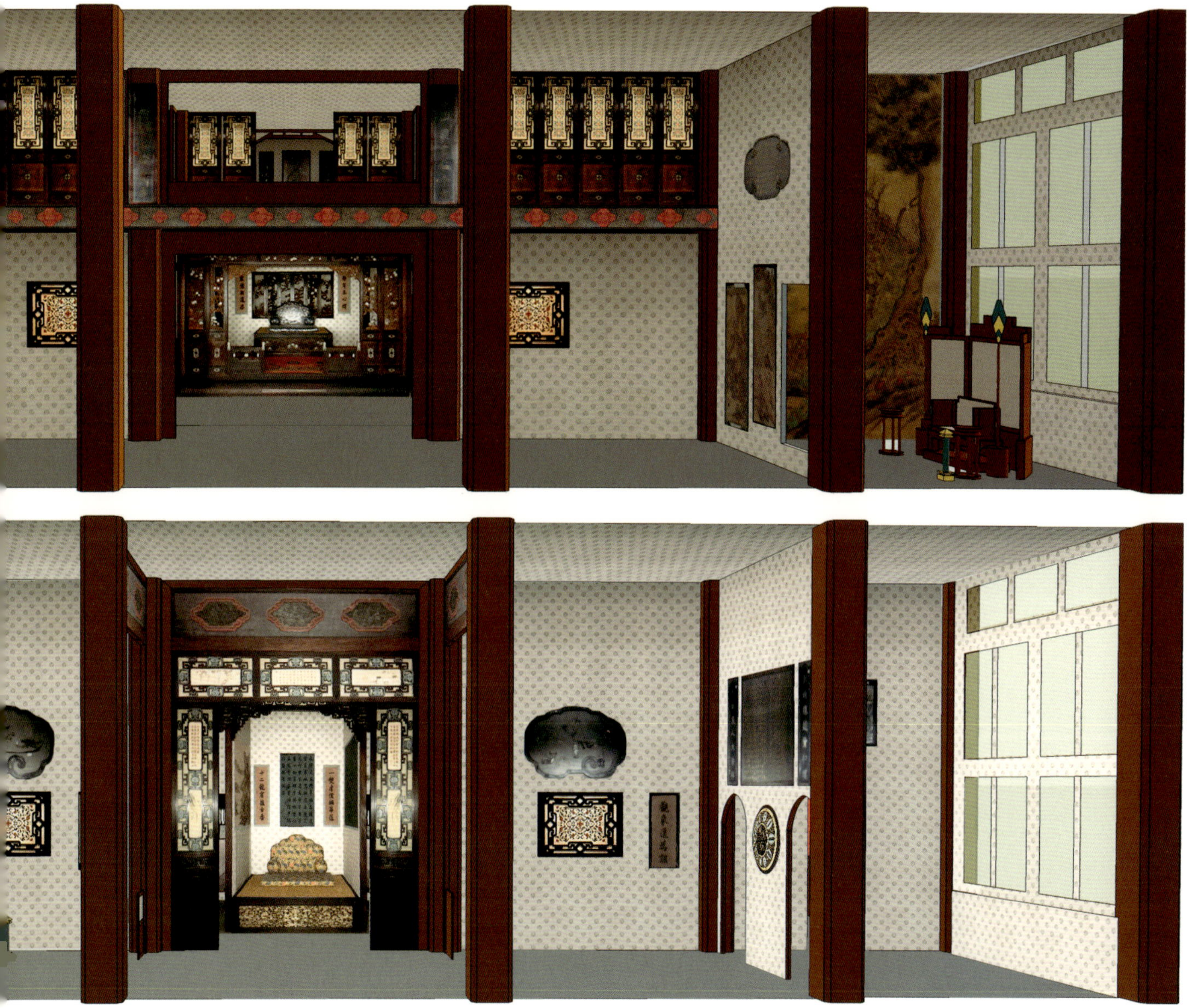

上：符望阁北面复原示意图　下：符望阁东面复原示意图　图片来源：故宫博物院古建部

符望阁东面

符望阁东面空间并不对称，西间设屏风宝座一套，面对东面墙体。而东面则设对称双门，其上悬挂屏，其中设置双面钟。从该空间设置判断，东面三开间可能被皇帝用作听戏的空间——东面为戏台，对称的双门为演员的上下场门；西面为皇帝欣赏戏剧的宝座，背后设有董诰绘制的一幅铺满整面墙体的贴落画；中间两槽栏杆罩的栏杆则作为空间划分，同时也可起到框景的作用。

乾隆皇帝对于戏剧的喜爱众所周知。皇家宫廷和苑囿内除了设置畅音阁、清音阁（位于承德避暑山庄内）一类室外多层戏台建筑外，还设有诸多室内小戏台。符望阁戏台虽然在占地面积、构思、装修上均非紫禁城之最，然其在“出将”“入相”双门正中设置西洋双面钟的做法，却能体现出乾隆皇帝对于西方奇技的热爱，因此也颇可玩味。

符望阁东面明间宝座床

上：符望阁南面复原示意图　下：符望阁西面复原示意图　图片来源：故宫博物院古建部

符望阁南面

尽管未必实际承担处理政务、面见臣工的功能，符望阁南面空间依旧遵循清宫设计惯例，在入口的明间设置屏风、地坪、宝座[⑨]。

宝座后有乾隆帝御笔“层阁延春”贴落，更增添空间仪式感。为了强调中央宝座的地位，南面明间设置须弥座，两梢间也对称地设置了落地罩和宝座。

南面空间是符望阁中内檐装修工艺最复杂的区域，这也体现了南面空间的重要性。其明间须弥座三面设隔扇，隔扇心嵌玉夹漆纱、裙板镶嵌竹丝；四根立柱上分别挂有两对雕漆嵌木字挂对；两次间落地罩上也设有工艺复杂、材料珍贵的百宝嵌迎风板。整体来看，符望阁一层南面空间体现了江南匠作精致巧妙的工艺技术。

符望阁西面

符望阁西面顺次设置三张宝座床。明间炕檐板镶嵌珐琅，两次间则使用了百宝镶嵌。根据现场发现的痕迹及档案记载判断，在西面明间宝座床背后悬挂了一组红木螺钿边嵌鸡翅木字中堂及对子，其下方还有一组乾隆帝御笔的中堂对子贴落。宝座床两侧也分别挂有缂丝挂屏和嘉庆御笔贴落。

⑨此部分内容，由研究人员依据乾隆时期遗留的内务府档案、清室善后委员会编纂的《故宫物品点查报告》查证、推测而来。

西面次间的两张宝座床三面均挂有贴落。贴落是清朝内廷建筑中常见的装饰之一，是指直接镶绫边、裱糊在墙面上的纸本或绢本字画。因为裱糊在墙体上的字画随时可以贴挂、取下，方便更换，因此便将这类字斗、画斗俗称为“贴落”。符望阁中现发现大量贴落，包括乾隆帝、嘉庆帝御笔以及乾嘉时期、同光时期大臣们的作品。他们不仅反映了历代皇帝的审美、爱好，也体现了符望阁在不同使用者手中经历的历史变迁。

可以看出，符望阁四方“凸”字形空间虽然平面设计类似，但实际空间体验却完全不同：北面空间因设有仙楼，空间最为精巧复杂，隔扇上普遍使用的双面绣和玉石镶嵌工艺也颇为细腻精致；东面戏台空间主要为娱乐功能，珐琅镶嵌、铜鎏金、螺钿镶嵌工艺的使用使空间更加大气；南面作为符望阁主入口，空间设置更遵循礼制，装修工艺上也使用了最为复杂的漆纱和竹丝镶嵌工艺；而西面空间因设置了三张宝座床，属于更为闲适的休憩空间，因此装饰也使用了灵活多变的百宝嵌工艺。虽同为四开间之室，风格与氛围却截然不同，乾隆帝对内檐装修构件与材料使用之谙熟可见一斑。

符望阁中层及顶层

符望阁中层为结构过渡层，并不具有实际功能。而顶层为开敞的大空间，中间未设墙体或隔扇进行分隔，现存仅余一套屏风、宝座、地坪及前方书案一张。顶层天花中央设有金龙藻井，四面隔扇门均能开启，供皇帝游目骋怀。虽然档案中没有明确描述符望阁顶层的功能，但通过考证其原型——延春阁的使用与功能，推测符望阁顶层主要用作皇帝设宴享乐之所。

乾隆皇帝的空间设计

清朝入关后，清皇室沿用了明紫禁城作为皇家宫苑，对宫殿的内檐装修进行了重新设计，很大程度上延续了明代紫禁城的建筑格局。按照内务府记载的内檐装修设计流程，乾隆朝时期的室内设计会由皇帝首先提出初步构思，接下来各工程处进行深化，造办处相关匠作也会参与进行细部设计。在最终设计方案形成后，交由乾隆帝最终审核，再付诸营造[10]。这也就是说，我们现在看到的符望阁室内空间设计若非乾隆帝之创作，至少也是获得乾隆皇帝的肯定，其空间的艺术修养很大程度上可以代表乾隆帝的审美和品味。

⑩ 刘畅：《乾隆朝皇家宫室内檐装修设计研究》，中国紫禁城学会编：《中国紫禁城学会论文集》第三辑，2007年，第7页。

对比明代室内陈设，清代宫廷建筑室内设计更加追求变化的空间、珍贵的材料以及繁复的工艺，尤其是乾隆皇帝在位时期，内檐装修更是得到了迅猛发展，并被大量用来对建筑空间进行装饰、分隔、围合。

另外，乾隆时期内檐装修材料多用紫檀、花梨等贵重木材，辅以玉、竹、金属、陶瓷、刺绣、宝石、牙骨等珍贵材料用作装饰。装修常用工艺包括木器、玉器的雕刻工艺，多种材料的镶嵌工艺，刺绣工艺等。通过将珍贵的材料与繁琐的工艺相结合，乾隆帝得以在室内创造出色彩质感变换多样、整体效果富丽堂皇的空间，达到自己对于艺术的最高追求。

符望阁内小戏台 刘仁皓绘

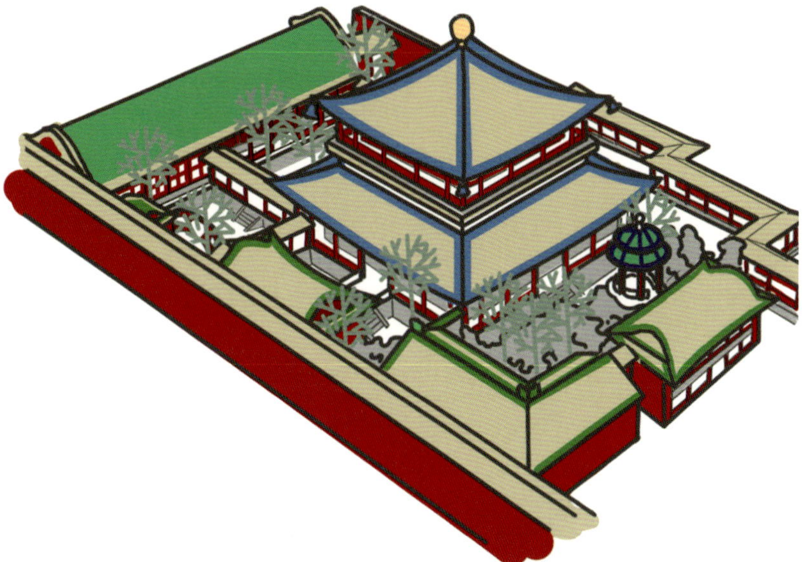

符望阁全景 刘仁皓绘

符望阁小戏台

文／王子林

符望阁有座小戏台

乾隆三十五年（1770），乾隆帝开始了营建太上皇宫的工程，乾隆花园后部仿建福宫花园，其中有座符望阁建筑，档案记载：“（两淮盐政李质颖）六、七等月接奉内务府大臣寄信，奉旨交办景福宫、符望阁、萃赏楼、延趣楼、倦勤斋等五处装修。奴才已将镶嵌式样雕镂花纹，悉筹酌分别预备集料，加工选定，晓事商人，遵照发来尺寸详慎监造。今已办有六七成，约计明岁三四月可以告竣。”但符望阁里的小戏台装修却不是他设计的。

我们先来看看建福宫花园中的延春阁，建筑为二层楼阁式，据乾隆七年《御制延春阁对雪诗》，说明最迟在本年冬天延春阁已经建成。延春阁一层被分隔成众多小室，东门内则辟为戏台，档案记载：

（乾隆十一年二月）十八日，司库白世秀来说太监胡世杰传旨：延春阁东门戏台外面小表盘，里面大表盘俱依门口矮，两边白子亦不匀，着添宝盖吊挂，比门口高一寸，两边白子与门口白子分匀，花纹要合一式，先画样呈览，准时再做，钦此。于本月二十一日司库白世秀、七品首领萨木哈将画得外面小表盘添宝盖两边香袋吊挂纸样一张，里面大表盘添宝盖两边花纹纸样一张交太监高玉、张玉呈览，奉旨：照样准做，将两边花纹连上要合一样款式，钦此。于本月二十四日司库白世秀来说太监高玉传旨：延春阁东门戏台外面小表盘两边香袋吊挂不必装香，钦此。于三月初七日太监张玉来说表盘上宝盖吊挂锭上览看，奉旨：照门上花纹颜色一样漆做。

符望阁东门内戏台

對時懷遠胥和順
衬物宜人大吉祥

从档案记载看，戏台里安装有两面的钟表，外面是小表盘，里面是大表盘，乾隆皇帝要为表盘上添饰宝盖，两边还有香袋吊挂，但这钟表安装于何处？档案记载不清楚，而延春阁又于 1923 年毁于火灾，遗迹无处可寻。

乾隆皇帝《题符望阁》诗云："层阁延春肖（是阁肖建福宫中延春阁式为之），题楣意有存。耄期致勤倦，颐养谢尘喧。豫葺优游地，略惭恭俭门。其诚符我望，惟静候天恩。"乾隆皇帝说符望阁仿建延春阁，而且建筑至今保存完整，所幸的是东门内北间南板墙上嵌有双面表盘，外小里大，与延春阁的档案记载相符。表盘两侧是两扇门，这一形式说明它由延春阁东门内戏台仿建，因此这两扇门可确定为"入相出将"门。表盘为西洋式，圆形，铜錾莲枝花纹，上嵌珐琅罗马数字，但这表盘不是进口的，表盘上有"乾隆年制"款，证实了这是造办处专为戏台制作的双面钟表。

确定了符望阁东门内为戏台后，它的格局也就清楚了。据现存原状，东门内分为四间，从南向北，南为东一间，为观戏空间，东一间与东二间之间设几腿罩，地面上两侧设栏杆罩，以为分隔。东门开在东二间，为明间，开敞，西设落地花罩，里有通道连接两翼空间。东二间与东三间之间设几腿罩，地面上两侧仍设栏杆罩，以分隔东三间为表演空间。东三间与东四间之间为板墙，两侧开门，中间嵌表盘。东四间是后台即化妆空间，演员从宁寿宫后门贞顺门进，再从符望阁北门入，然后到后台换上戏衣上台表演。

但这座戏台并不大，表演空间不足八平方米，因此我们称之为符望阁小戏台。

戏台西洋式钟表（修复前）

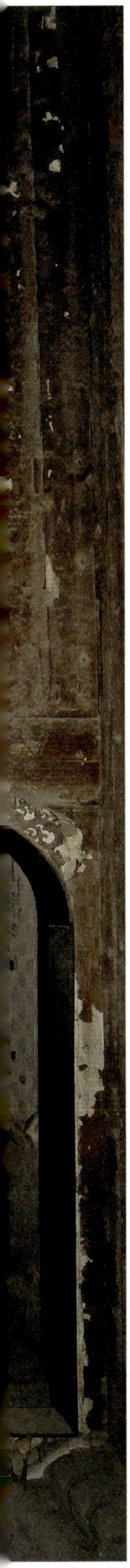

戏台图 高寒摄

小戏台的陈设装饰

据现存原状，小戏台虽小，装饰可是很讲究的。里外华丽的西洋式表盘装饰算是最吸引眼球的，新颖而又时尚。这种装饰，乾隆皇帝极为爱好，如乾隆元年装修养心殿仙楼时，于楼下东边窗户二间装表盘，表盘着郎世宁画，外安玻璃。

出入门以楠木做筒子口，门上装饰双夔龙纹门头花，古典而雅致。外表盘上挂乾隆皇帝“题兰亭八柱册并序”挂屏，里表盘上挂乾隆御制句对联：“对时怀远胥和顺，利物宜人大吉祥。”东三间西板墙开有隔墙方窗，为紫檀木框嵌珐琅夹纱。东一间的陈设据档案记载：

（乾隆五十年十一月）二十三日，接得郎中保成押贴一件内开十月十一日常宁传旨：宁寿宫符望阁东门内面北宝座后南墙一面，着杨大章画松竹梅大画一张，天然木根屏风后着伊兰泰照木根形式画线法，画片二层托贴画片，并做木片，俱着造办处做，钦此。于十二月初九日常宁传旨：宁寿宫符望阁东门内面北宝座后南墙一面，着董诰用绢画松竹梅大画一张，天然木根屏风后照木根形式画线法，山子木片不必要。

可知东一间靠南墙设天然木根屏风，屏风前设乾隆皇帝观戏的宝座。起初命杨大章为南墙画大画松竹梅，天然木根屏风后命伊兰泰照木根形式画线法画。后决定让董诰画松竹梅大画贴落，线法画仍着伊兰泰画。

站在小戏台“入相”处看符望阁东间 高寒摄

乾隆皇帝的『中西秘境』：符望阁建筑空间新议

文\朱俊、瞿炼

紫禁城东路宁寿宫区乾隆花园最后一进院的主体建筑是一座四方形攒尖顶楼阁——符望阁。走入符望阁，参观者好似进入了一座“迷楼”。符望阁首层曲折多变的室内空间是紫禁城现存宫苑建筑中的孤例。阁内朝东遥对着南小间宝座的是一个面积只有数平方米的小戏台。戏台的背景墙左右开门，背景墙的正面和反面中央各镶嵌一只形制相同但大小不一的西洋时钟。因为戏台很小，中央的西洋钟显得特别突兀。在传统的中式戏台内饰以西式的双面钟，这种装饰手法在故宫现存戏台空间中是绝无仅有的，似乎是乾隆皇帝中西合璧审美情趣的某种写照，且符望阁的空间构成上竟能有些欧洲宫廷空间的影子，是否意味着它们之间的这种相似是巧合呢？当时皇家宫廷建筑空间究竟是什么样子？本文以符望阁的建筑外形和内部空间为例做探索性的分析和诠释。

十八世纪中后期，中国政治上的保守、封闭并不妨碍乾隆皇帝个人对西方艺术的钟爱。乾隆皇帝崇尚精致生活，文学和艺术修养较高，创作欲也很强——他不仅诗文高产，而且痴迷古物，但是，对于日渐勃兴和发展的西方科学技术和文化，都基本采取无视甚至排斥的态度。和康熙帝在天文和数学方面的兴趣不同，乾隆皇帝关注更多的是西方的“奇技淫巧”，比如，他将有艺术专长的欧洲传教士留在宫廷内为自己服务，这些传教士为乾隆皇帝创作了许多绘画、雕塑和建筑作品。这些作品融汇中西，不仅反映了乾隆皇帝个人的趣味，有的甚至经过皇帝本人的指导和设计。从乾隆皇帝即位之初到乾隆三十六年，紫禁城内改建和新建的项目不断。文献档案表明，从功能、外形、结构，直到内檐装修，皇帝参与并指导了许多宫殿和苑囿的建筑设计，而宁寿宫花园可谓是乾隆皇帝建筑实践的成熟作品，是他个人观念、人生态度以及审美趣味的全面体现。

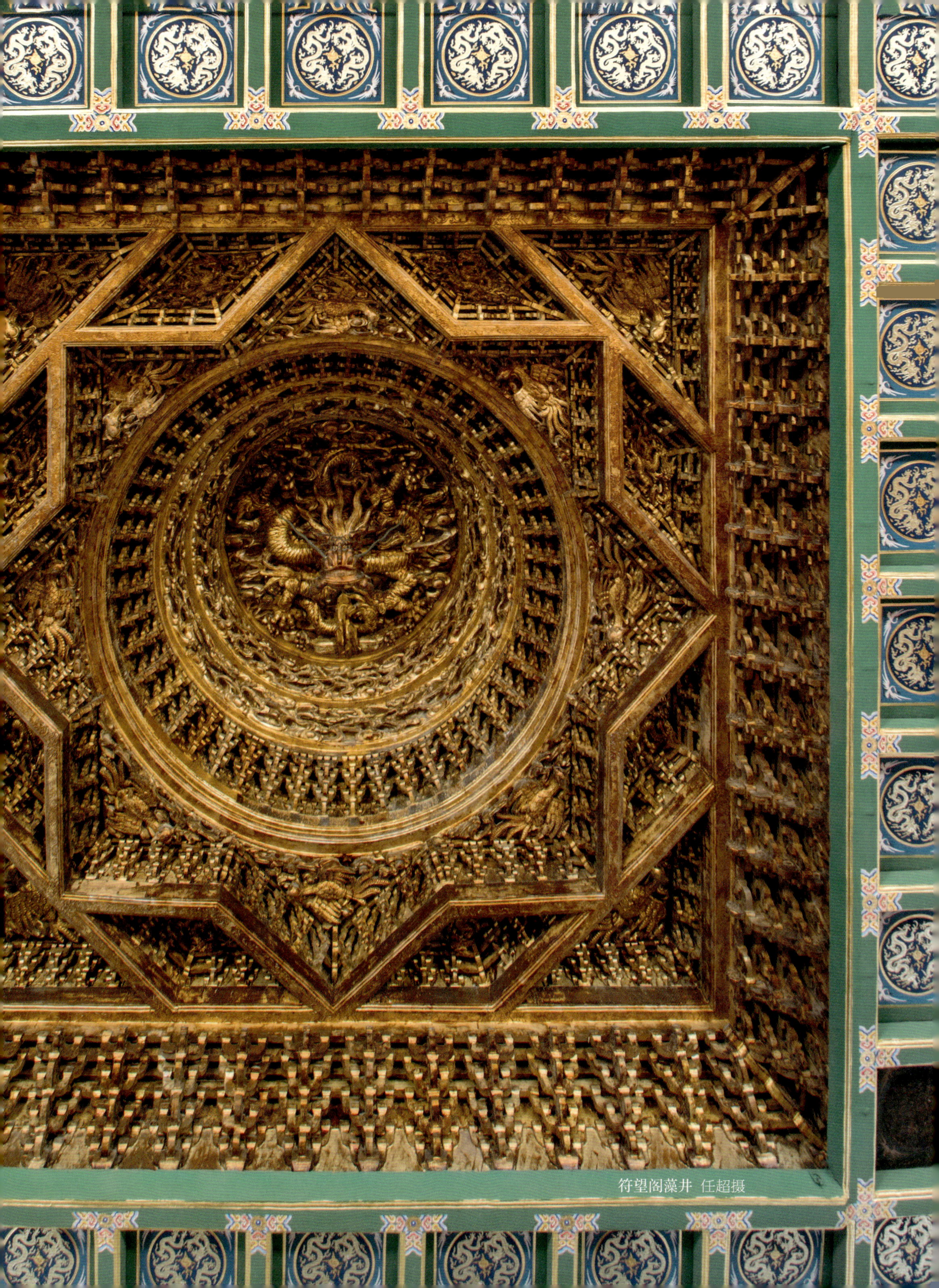

符望阁藻井 任超摄

符望阁内檐装饰北立面 任超摄

底层平面呈四方形的建筑中国自古就有，但很少被作为居住空间来使用，其中最重要的莫过于"明堂"。现代考古发掘表明，西汉长安的明堂即采用正方形平面，四个立面的形式也基本相同；文献记载也显示，由汉至宋，历朝历代的明堂多采用四方形平面。古代皇帝极崇"天人感应""应天顺时，受兹明命"等儒家礼制观念，以"圣明天子"自居的乾隆皇帝也不例外，因此他对明堂这一礼制建筑形式也情有独钟，仅乾隆

符望阁夹层 任超摄

一朝就兴建了一系列方形攒尖顶殿宇。以北京国子监辟雍为代表，大殿平面为正方形，重檐攒尖顶，覆盖黄色琉璃瓦，因为殿内不设内柱，所以空间特别高敞；皇帝的宝座和屏风被设置在大殿正中；大殿的四面开门，高大的石基被圆形水池环绕，符合儒家礼制所谓帝王“辟雍环水”的景象。辟雍大殿之外，外形和结构都较为相似的方形大殿还有北海的小西天、圆明园“月居云地”的妙证无声殿、承德普陀宗乘之庙的万法归一殿等。紫禁城内，符望阁也不是乾隆皇帝兴建的第一座方形攒尖顶楼阁。事实上，乾隆皇帝早年为自己修建的建福宫花园延春阁是符望阁的原型，与同时期其他方形建筑不同，延春阁和符望阁并非礼制或宗教建筑，而是苑囿建筑，是皇家悠游玩乐之所。以明堂建筑的外形为范本，庄严的公共建筑被创造性地改造为帝王私人的起居空间；除对建筑尺度的调整之外，这一转变主要是通过建筑内部空间的改造和设计实现的。

符望阁室内共有三层，从下至上依次是空间复杂多变的首层，没有使用功能的结构暗层，以及开阔宏畅、可以四面观景的顶层。首层空间按照方向被分隔为四面：南面当中设大地坪，其上设宝座床，另有东、西两个小室为辅弼；北面也设地坪宝座，顶上置仙楼；东面和南小间设宝座，与南小间宝座遥对的是装饰有双面西洋钟隔断的小戏台；西面亦设宝座，北小间为光绪年间添置的床榻。因为首层的内部空间极为复杂，平面类似“多宝格”，大量奇珍异宝被分藏在曲折、狭窄的“多宝格”中，皇帝每到一室都可坐卧，随意游赏。根据档案记载，乾隆皇帝一生只数次短暂地巡幸过宁寿宫花园，但符望阁体现的正是皇帝心中的私密空间。在符望阁中悠游把玩固然快乐无极，但是，乾隆皇帝至死都掌握着权柄，归政养老只是可望而不可即的理想。

看似“迷乱”的符望阁室内空间其实自有其内在的逻辑。以现代建筑学的空间组合理论分析，符望阁室内空间也可被细分为私密空间、过渡空间和公共空间三种，相互之间有以下几种关系。第一，中心对称的平面里，东、南、西、北四面各有一个“凸”字形的公共空间。以适应宫廷礼仪为目的，每一个凸形空间都和室外的景观形成轴线对景，比如南向宝座和大假山上的碧螺亭相对，北向宝座和庭院北面的倦勤斋遥望，东向宝座面对颐和轩后的黄石假山，西向宝座和玉粹轩的大通景画对应；第二，每个公共空间的左近又分隔出特殊限定的私密空间，所有的私密空间内都安置宝座床；第三，公共空间之间有充当交通功能的过渡空间，其中有平面交通，也有立体交通，比如上下的楼梯就被安排在建筑平面最中心的空间之内。

康熙皇帝曾经训诫过皇家亲王、贵胄，要求他们在装修自己的园林时不要学汉人的习惯，把室内做成曲折的隔断，而要“以宽广宏畅居之，适意为宜”，但是，把“圣祖皇帝圣训”常挂嘴边的乾隆皇帝却在这一条上反其道而行之。事实上不仅是符望阁，乾隆花园内的大部分建筑，包括著名的倦勤斋，室内大多被细分成许多小空间，其中反映的自然是乾隆皇帝本人的休闲习惯和审美趣味。

符望阁室内空间可谓“曲折隔断之套房”的典型代表，其复杂程度远远超过今日所见之其他清代宫廷建筑。在“套房空间”最为常见的江南，园林建筑虽然房厅相连、曲折幽深，但限于中国传统建筑的体量，类似的“套房”基本被限定在狭窄的矩形空间内，室内的动线也是线性的。这种空间形式在乾隆时期改建的养心殿内有所表现。而符望阁内部则具有中国传统室内空间中所不常见的“集中性”，即全部的公共空间都是由中心向外发散开去的。更有意味的是，一反礼制和传统所要求的将室内主要空间安置在建筑的中心，符望阁的中心是所谓的“交通核”（楼梯间），和现代塔式高层建筑的布局类似。

符望阁首层层高有四米左右，因为平面上的隔断，所以层高虽高，空间并不宽敞，似乎在强调一种高耸的气氛。这种空间形式在中国传统宫殿中非常罕见，却和同时期的欧洲宫廷有几分相似。另外，符望阁宝座床的设置也颇为独特，十余个宝座床多被限定在较为狭窄的空间内，床榻之宽与层高之比例接近 1:2。有意思的是，1687 年建成的法国凡尔赛大特里亚农宫（Grand Trianon）内的床榻有着类似的空间限定。所以，符望阁不仅在内檐装修上采用了诸如西洋双面钟这样的外来手法，其空间构成也有外来的影子，这恰恰是乾隆皇帝中西合璧审美情趣的体现。

法国凡尔赛大特里亚农宫（Grand Trianon）内的床榻有着与符望阁类似的空间限定 作者供图

符望阁东侧宝座间 高寒摄

由此，可以联想到西方近代建筑史上的著名建筑，于1552年落成的意大利文艺复兴建筑师帕拉底奥（Andera Palladio）的名作——圆厅别墅（Villa Rotonda）。虽然中文译为“别墅”，但实际上是当地贵族的府邸。圆厅别墅的首层同样是礼仪性的公共空间，二楼是居住空间，楼梯隐藏在中心结构墙体内部，从属的服务空间则在半地下。帕拉底奥认为，因为古代罗马人的别墅与神庙在造型上有着相似之处，所以他有意识地将古代神庙的造型引入到贵族别墅的设计中：中心对称的平面，完全相同的四个立面，上圆下方的外形。圆厅别墅成为文艺复兴建筑的经典，其在建筑史上的非凡意义在于：建筑师以古代神庙的设计法则为借鉴，将这种映射着神性光辉的建筑形式从宗教建筑的约束中释放出来，转而运用在世俗的人居建筑上。而符望阁同样借鉴了古代明堂的建筑外形，在设计理念上和圆厅别墅有着异曲同工之妙。这是偶然的巧合还是另有隐情？

美国克利夫兰艺术博物馆珍藏有清宫流失的乾隆帝后、妃嫔肖像画长卷——《心写治平图》卷。乾隆皇帝被画于卷首，从外形上看还是即位之初的那个青年。研究者认为，长卷的主创画师是著名的意大利传教士郎世宁（Giuseppe Castiglione）。郎世宁虽然是耶稣会的传教士，但其青史留名的原因，是他融汇了中西绘画画法，创造出了一种前所未有的新画法，并极大地影响了清代宫廷绘画。他早年在意大利的学习经历已不可考，可以确定的是，他一定受过很好的艺术训练，其中自然也包括建筑艺术。雍正时期由年希尧编著的《视学精蕴》是一部讲述西方绘画原理的书，主要内容来自1693年意大利人波佐（Andrea Pozzo）的名著《建筑师与画家的透视》。郎世宁熟读过波佐的作品，因为《视学精蕴》的写作得到郎世宁的大量帮助，因此，有理由相信郎世宁对同为意大利人的建筑名师帕拉底奥也不会陌生。根据保留至今的藏书目录，当年北京耶稣会确实藏有不少建筑方面的专业书籍，其中就有帕拉底奥的著作《古罗马建筑》。

为清宫服务的西方传教士是一个群体，郎世宁以外，熟悉西方建筑的还有德国人艾启蒙（Ignatius Sickeltart）、意大利人利博明（Ferdinando Moggi）等人。从乾隆十二年（1747）开始，皇帝让郎世宁等外国传教士为圆明园设计一组西洋楼建筑，从而为这座“万园之园”增添了不少异域风情。西洋楼的建筑外表是当时欧洲流行的巴洛克风格，室内空间也和传统中国宫廷建筑迥异。为了更好地设计西洋楼建筑，耶稣会传教士专门从欧洲运来包括维特鲁威《建筑十书》在内的大批建筑学书籍。虽然今天学者们对西洋楼的内部空间所知有限，但从清宫陈设档以及外国传教士的通信中可以了解到，圆明园西式建筑的室内完全是欧洲风格的，比如，远瀛观的平面可以和同时期的欧洲宫廷相类比，内部甚至还有西洋浴缸。由此可知，外国传教士引入清宫的不仅有欧洲宫廷的建筑外观，更有欧洲宫廷的室内空间和陈设氛围。

在乾隆花园的倦勤斋内，我们也看到中西合璧的内部空间：小戏台周边原本比较逼仄的空间，在带有透视的通景画的映衬下，有了意犹未尽的时空延伸。顶棚描绘的藤萝在阴影的渲染下有了逼真立体的效果。人们置身其间，仿佛能够嗅到紫藤的清香，听见仙鹤的鸣叫，感觉不是在局促的室内，而是在风和日丽、春和景明的庭院之中。这是中国传统园林建筑中从未有过的尝试，是一种中西融汇的艺术成就。

1766 年郎世宁辞世，而 1771 年宁寿宫花园兴建之时，当年活跃的外国传教士们已大多凋零。清宫档案记载，郎世宁的得意门生，中国画师王幼学等人参与了乾隆花园的修建。更为重要的是，宁寿宫花园及建筑基本复制了 1742 年兴建的建福宫花园，从建筑外形到内部结构，符望阁大致就是延春阁的翻版，而倦勤斋就是敬胜斋的“副本”。十八世纪四十年代正是包括郎世宁在内的外国传教士们创作活动的高峰期。我们或许可以如此理解延春阁以及符望阁“迷楼”的设计含义：乾隆皇帝在他所推崇和热爱的明堂建筑的方正外形下，加入了自己喜好的室内空间形制，而这种室内空间的布局受到欧洲宫廷建筑的影响。中国人对于西方文化的纠葛和矛盾一直持续到近代“洋务运动”，当时出现了所谓的“体用之争”，而在此之前，符望阁恰是“中学为体，西学为用”思想在清代宫廷建筑设计中的体现，这正是乾隆皇帝心目中中西合璧的“秘境”的典范之作。宫

符望阁掠影 任超摄

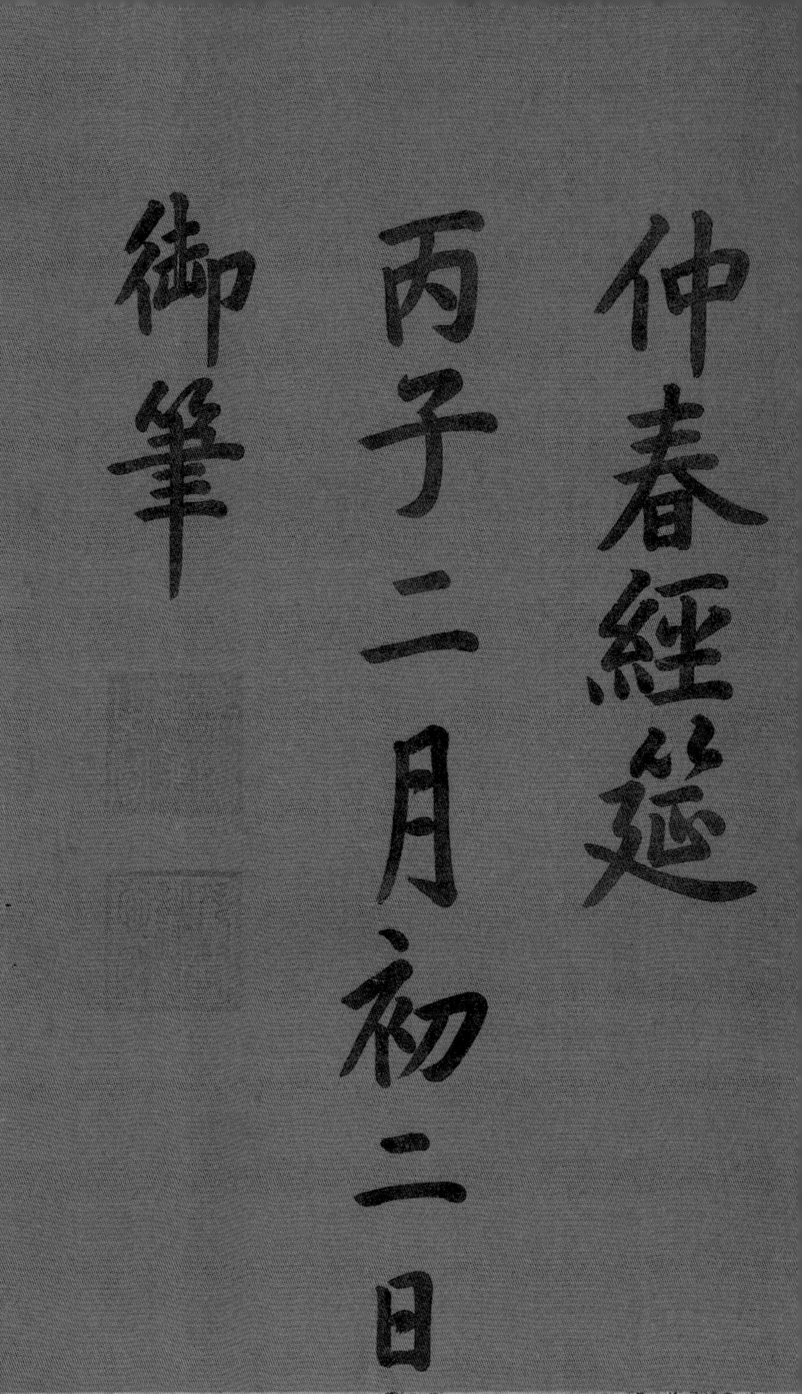
仲春經筵
丙子二月初二日
御筆

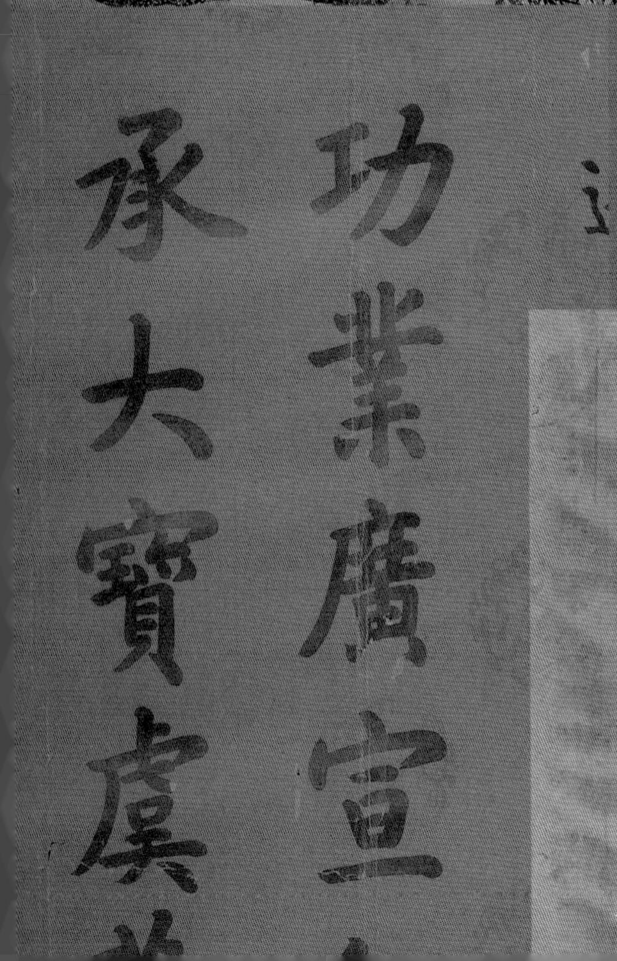
功業廣宣
承大寶虞

栋阁悦性灵

符望阁的原状陈设

寻档问物：符望阁的原状陈设

文／苑洪琪

符望阁初建于清乾隆三十七年（1772），嘉庆七年（1802）修，光绪十七年（1891）重修。从历史遗存的现状看，符望阁的室内装修颇具特色，以各种不同类型的装修巧妙地分隔空间，隔扇、花罩制作精美，又以金、玉、珐琅等镶嵌装饰，琳琅满目，美不胜收。查阅乾隆年《活计档》《旨意题头底档》《旨意底档》等档案，得知室内陈设亦“量地定制”逐渐完善。符望阁板壁墙面的字画、案头桌上的珍玩时作以及床榻座椅的铺陈，等等，均为乾隆皇帝“钦定”，无不显示出乾隆帝的主观意志。虽然乾隆皇帝之后的嘉庆、道光、光绪等几位皇帝也在符望阁有过活动，都留下御笔贴落、文人诗画，等等，但都没有改变初建时符望阁布局和陈设的原貌。由于历史原因，陈设物品需要移动，前人也留下了一些可寻的信息。这些符望阁初建时的陈设及其以后的变化的档案资料，就是制定此次复原符望阁陈列方案的依据。

历史记载与现存遗迹

符望阁室内空间丰富，空间关系较为复杂，“面阔、进深各五间，周围带廊”，外观两层，内实三层，是乾隆花园最高的建筑。符望阁内素有“迷楼”之称，造成“迷楼”的原因是符望阁内金镶玉嵌的装修纵横间隔与随处安放的精工细雕宝座、宝座床、罗汉床的设置。

宝座及床

依据乾隆四十年（1775）十一月十日和十六日档案记载，符望阁内设置一件宝座、十三张床（一层十一张，二层两张），其中有六张罗汉床，其余七张是固定在板壁和隔断中间的宝座床。

一层：

1. 北门面北宝座床；
2. 北门面东罗汉床；
3. 西门正面宝座床；
4. 西门正面左宝座床；
5. 西门正面右宝座床；
6. 南门宝座；
7. 南门里间面西宝座床；
8. 南门面西罗汉床；
9. 南门面东罗汉床；
10. 南门后间面南宝座床；
11. 东门面东宝座床；
12. 东门面北罗汉床。

二层：

13. 面北罗汉床；
14. 面西罗汉床。

乾隆朝以后的嘉庆、道光、光绪时期《符望阁陈设档》及1924年清室善后委员会《符望阁点查报告》中都有关于“床”及床上铺垫的记载，清代内廷使用的宝座床、罗汉床都有固定的铺陈，自下而上是隔潮的席子（富春草席）、保暖的毡子（红猩猩毡或白毡），毡上再铺一层红底黄花炕毯（或黄底红花炕毯），最上面是江南三大织造制作的绸绣缎绣或织锦的褥垫、靠背和迎手三件套一份。如档案记载：

> 是年（乾隆四十三年，1778）十一月二十日，乾隆帝下旨，“符望阁顶楼上现设的宝座绣褥，着配锦套”。四十四年（1779），杭州织造为符望阁殿内的宝座、宝座床绣制坐褥、靠背六份，送到安置。

经实地调研核实，档案记载的乾隆时期符望阁十三张床中，七张固定的寝床、宝座床仍在原位，六张罗汉床仅存四张，床上遗存的铺垫、花毡床毯也大多残破不齐。

符望阁内檐南立面线图

沈世杰画灵芝松竹贴落

墙壁的装饰

1. 钟表

钟表是实用的计时器，又可用于装饰。乾隆初年在紫禁城里建造建福宫花园，延春阁是花园里最大的一座宫殿，内设一件镶在墙壁中的双面钟。乾隆三十九年（1774）正月，乾隆皇帝下旨："仿照延春阁现设大墙表样式成做大墙表，安在符望阁陈设。"经实地考察，符望阁西梢间的壁板两门口中间镶嵌一座双面钟，虽有残缺，但不失精美，"乾隆年制"四字印证了其为宫廷造办处出品。可见，乾隆帝确实很喜欢用形式重复的物事去设计一些有机巧的陈设。

2. 字画

乾隆三十九年（1774）三月十九日，四十年三月初十日、十九日，如意馆画匠黄念、杨大章、顾全、贾全、方琮、魏鹤龄、谢遂等奉旨为符望阁内檐装饰作画，当时档案记载绘画十七幅，贴落五幅。经核实，其中四幅绘画藏于故宫绘画库房，贴落不存，板壁上也没有遗迹。

据档案记载，乾隆四十年（1775）十一月初九日，乾隆皇帝命如意馆画匠方琮，用白绢画《盘山景全图》，装饰在符望阁北门内里间南向墙面，命王幼学等为符望阁画线法画四张，袁瑛画符望阁明间罩内南墙画斗一张。

乾隆五十年（1785）十月十一日，乾隆皇帝为符望阁陈设事再次下旨："宁寿宫符望阁东门内面北宝座后南墙一面，着杨大章画松竹梅大画一张；天然木根屏风后，着伊兰泰照木根形式画线法，画片二层托贴画片，并做木片，俱着造办处做。钦此。"

到了乾隆五十年十一月初九日，又传旨："宁寿宫符望阁东门内面北宝座后南墙一面，着董诰用绢画松竹梅大画一张，天然木根屏风后照木根形式画线法，山子木片不必要。钦此。"这可能是一个月前命伊兰泰做的画片不适合装饰此处，又连下谕旨进行更改。托贴画片的木片不要了，作画人由杨大章变成了董诰。从记载中得知，符望阁东门内面北宝座后的天然木根屏风没有改变，作画人变了。可见董诰的绘画是深得乾隆帝喜爱的，这幅历经二百多年的松竹梅画幅仍留原处，已异常残破。

3. 门神、彩胜

门神、彩胜是应年景的装饰。乾隆时期，随着宁寿宫一区各殿座先后落成，逢年过节这一区便成为乾隆帝休憩的场所。因此，年节应景的装饰是必不可少的。如乾隆四十一年（1776）新年前夕，乾隆皇帝下旨："符望阁楼上隔扇挂高二尺三寸、宽一尺的文武门神四副，楼下隔扇挂高二尺六寸五分、宽一尺四寸仙童仙女门神四副。"

乾隆四十九年（1784）正月，乾隆帝又下旨："符望阁西间东宝座南北墙已贴的高三尺五寸、宽三尺九寸的两张画，北间西门东墙贴的高三尺六寸、宽一尺九寸的两张字画，俱量准尺寸发往苏州，做成春屏彩胜四件挂在原处。"乾隆年间符望阁陈设挂屏、彩胜、对联、贴落四十余件，乾隆朝以后，历代皇帝都曾对前朝的画幅、贴落有所更换，仅嘉庆皇帝就在这里留下了二十六幅御笔字贴落，嘉庆朝以后的道光、光绪两位皇帝也有御笔墨迹遗存。

清 紫檀框嵌牙骨珐琅大吉葫芦五福春屏彩胜（一对）
故宫博物院藏

清　紫檀木边画玻璃年景婴戏图春屏彩胜

故宫博物院藏

空间陈设

乾隆时期符望阁内陈设有屏风、宝座、桌、椅、凳、箱、柜、格等家具五十余件（套），铜、玉、漆器、珐琅、瓷器、印章等工艺品近两百件，书籍、字画等八十余件；嘉庆、道光、光绪等不同时期的符望阁陈设档案及溥仪出宫后，清室善后委员会的点查报告等记载，在乾隆朝至清末的百余年中，空间陈设物品有减无增。桌椅箱柜等家具和各种珍玩摆件都属于可移动文物，实际考察只能依据溥仪出宫后，清室善后委员会的点查记录。当时符望阁物品按千字文编序为汉字“李”字，点查报告中“李”字号陈设物品仅存九十七件，这个数字与当时乾隆时期的数量相差甚远。

复原依据

符望阁自乾隆朝建成至今，已有二百多年的历史，符望阁陈设自乾隆时期始，不同皇帝不同时期都呈现出各异的状态。为此，复原符望阁的陈设既要参照文献记载，又要尊重历史遗留信息，有选择地展示符望阁的奢华和“迷楼”的特色。这是复原符望阁原状陈设的重要思路。

符望阁内装修精美华丽，掐丝珐琅床面板、紫檀嵌玉隔罩、双面绣槛窗、点螺雕漆迎风板、漆纱彩绘夹纱隔扇、沉香嵌玉花窗等，表现了乾隆皇帝一生对艺术的追求。符望阁首层用板壁、宝座床分隔为二十余间小巧的空间，每间的布置陈设又各不相同：有的是古色古香的木制隔扇，有的是对称的真门、假门，再有就是多种规格、铺设了华丽织物的宝座床……确实不负“迷楼”之名。

1. 多“床”的陈设

符望阁设置的“床”是由一个或多个“无底”木箱组成，视其空间大小而放置。这些床形状不等，摆放形式各异，或置于三面有墙处，前方安装床罩；或单独依墙而设，背靠一组

炕屏；或独立设置在地坪台正中，左、右、前三面安设栏杆，只设置幔帐的，是为寝床。这些固定的床是内檐装修的重要组成部分，一旦拆卸移动就会影响内檐装修的格局；罗汉床是可移动的家具，可以根据不同的需要对其进行必要的组合。

符望阁与乾隆花园内其他殿堂中的床一样，并非是夜晚睡卧的专用家具，而是一种简易的、可供白天短暂休憩之用的坐具。因这些床是为皇帝所设置的，设置铺垫中带有靠背的，又称“宝座床”。宝座床比独座宽大，能躺卧，还能在床的两侧摆设炕案，放置一些书籍和生活用具。

《宫中现行则例》记载，皇帝使用的铺垫，视季节的不同而要在刺绣的褥垫、靠背及迎手的表面套上一层“罩”。夏季用透气凉爽的草席、绞纱；冬季用厚实保暖的金彩绒、毛毯；春秋两季多用云锦、织锦等。可见，符望阁作为乾隆皇帝为自己年老退位后而建的休闲之所，更要突出宫廷礼仪制度和宫廷生活的一般规律。

清代宫廷常见的炕案与炕桌近似，是一种小件家具，放在床或炕上，既可以伏案书写或依凭靠衬，又可放置器物，有时也可用于饮酒吃菜，如紫檀嵌玉镶玻璃炕案、紫檀镶漆心炕案、紫檀几腿案等。符望阁内这类低型家具，在三面有墙的宝座床上，顺着墙壁两侧置放炕案；在独立的、较小的宝座床上，宝座垫前放置炕桌。炕桌、炕案上的摆设多为笔、墨、砚、笔筒、烛台、冠架、炉瓶盒三式等文房用具和珍玩古器。

2. 寻找“量身”的家具和挂屏

家具作为一种实用的工艺品，成套使用或组合使用，同时在选择与布置上会影响着整个室内空间的格调与特色。自乾隆三十五年（1770）外东路宁寿宫一区动工以来，乾隆花园各殿陆续完工并实施殿内陈设。宫廷特交两淮盐政在江南制作宁寿宫区的景福宫、萃赏楼、延趣楼、倦勤斋、符望阁等五处建筑的内檐装修。乾隆四十年（1775）完成内檐装修后，又“续添紫檀木镶门口二十一座，门头花四块，券门楠木门头花八块，花梨木柜几一张。”符望阁内的家具大多是“量身”定做的，据《符望阁点查报告》记载，符望阁内有四处设置宝座，与之配套的有屏风、宫扇、香几、香筒、熏炉、桌案等。复原符望阁陈设时，凡查旧档“李”字号能找到的，都尽可能复原到原处，以保持符望阁的完整性。

3. 尊重历史，敬畏文物

因符望阁建成以来的历史延续性，有些墙面痕迹的装饰出现了重叠现象，如某一位置最初设置的是挂屏，后来的记载该位置是贴落，这就需要从整个室内环境的格调与特色考虑，选择与之相吻合的文物。符望阁内贴落和挂屏的痕迹有六十余处，而完全吻合、可以复原到原处的有四十件（套）。实存文物与装饰痕迹核对，有装饰痕迹，但没有实物的有八处，还有十七处有文物遗存，却在符望阁内找不到痕迹，这就需要“寻档问物”。

乾隆、嘉庆、道光、光绪时期的《符望阁陈设档》，及1924年溥仪出宫后清室善后委员会的《符望阁点查报告》是复原符望阁原状的依据，但并非简单的对照档案堆叠文物，应在尊重历史、考证、研究文物的过程中，让文物有尊严地复原到最初的位置。

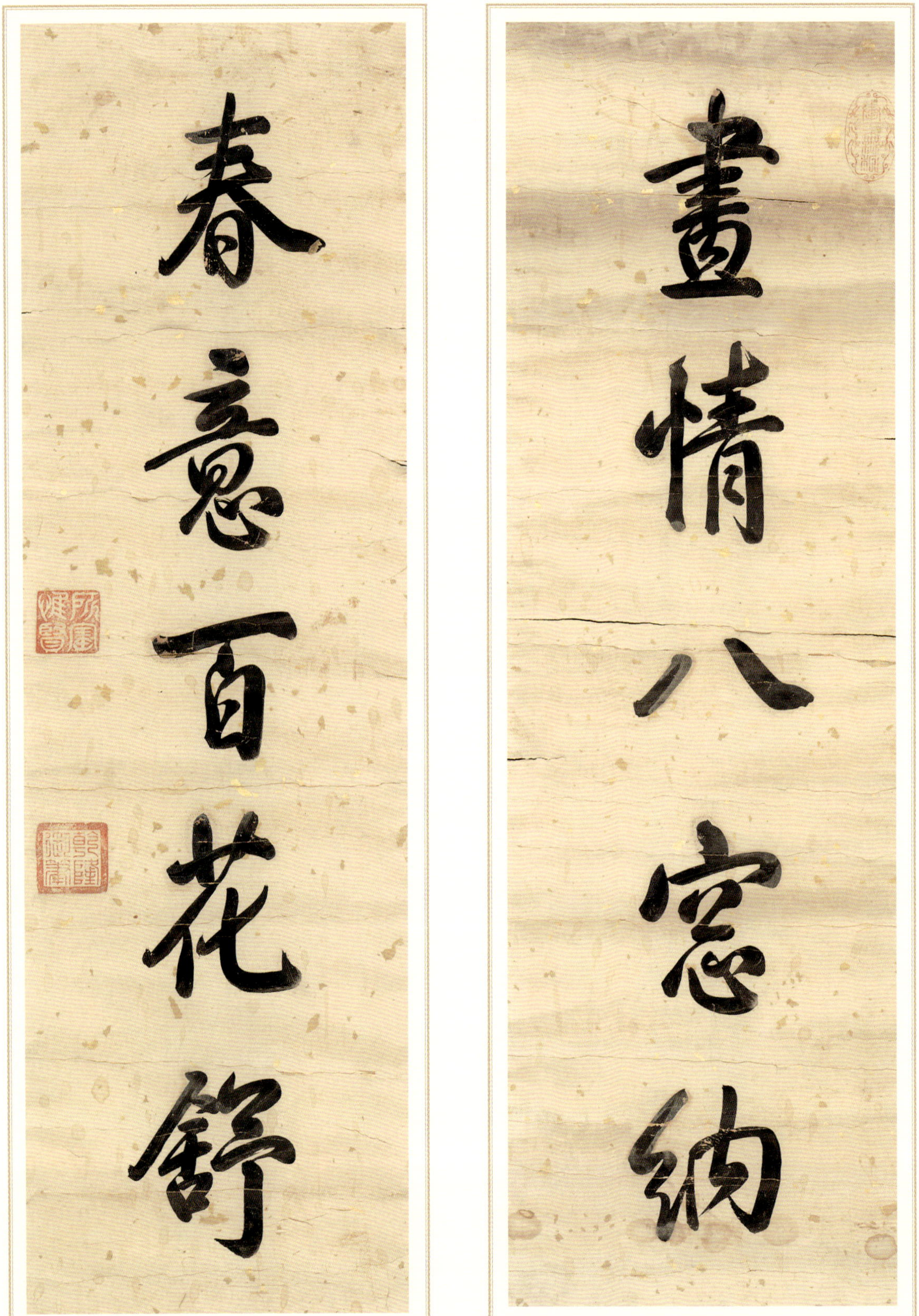
畫情八窗納
春意百花舒

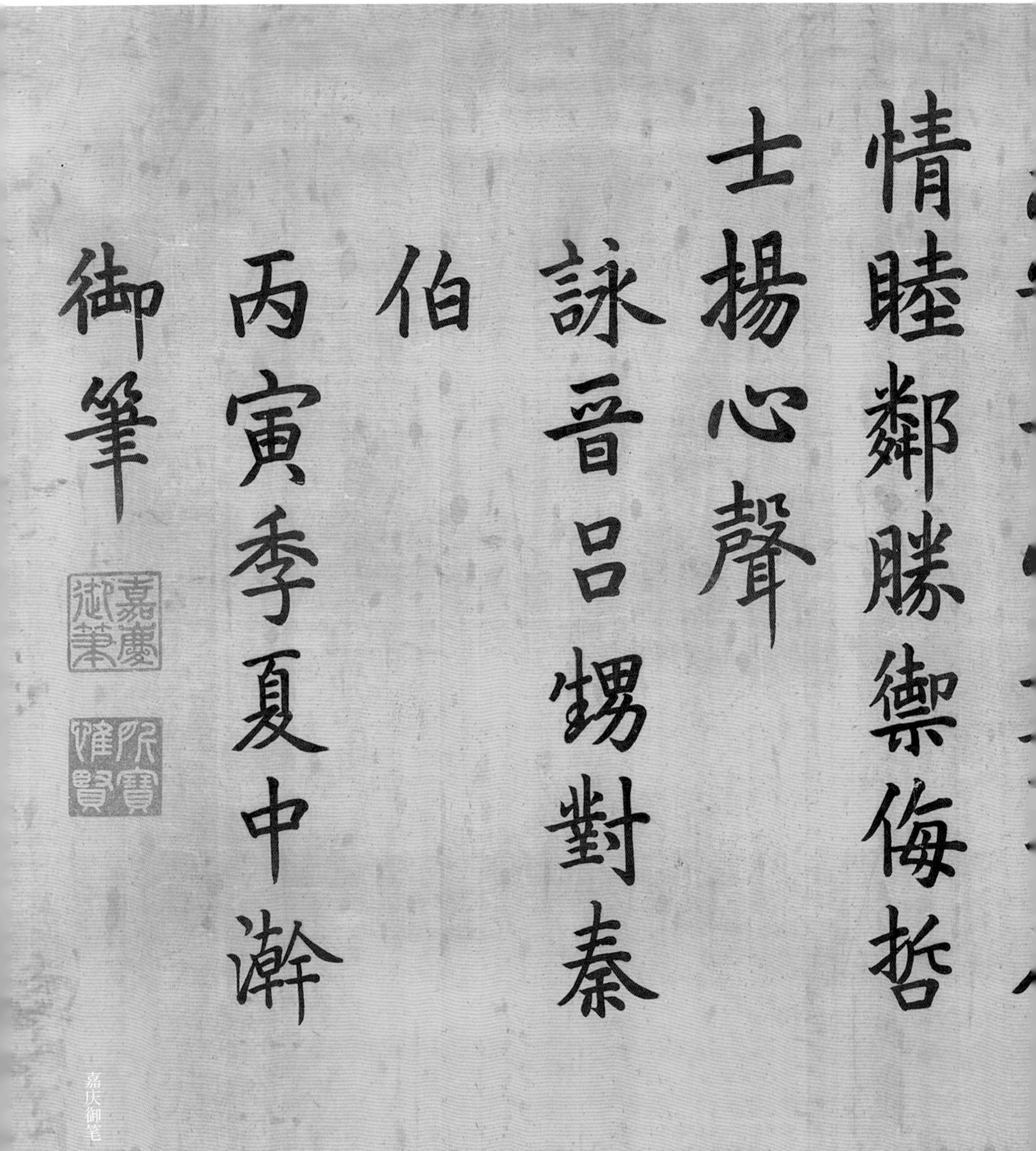

嘉庆御笔

尺寸（cm）	大致内容及所在方位
从 142、横 141.5	乾隆御制诗文；符望阁东门正处宝座内北墙
从 153、横 112	方琮画山水贴落；符望阁下层西部北间东炕上南面
从 174、横 54	董邦达画山水贴落；符望阁下层北部东头东门北边
从 98、横 225	董诰画梅竹水仙山茶贴落；符望阁北门西南间西墙
从 162、横 72	谢遂画人物贴落；符望阁下层南部东小间炕上南墙上
178、横 52	佚名画山水贴落；符望阁下层北部东头东门南边贴落
73、横 140.5	嘉庆御制诗文；符望阁下层东部中间西炕以北北墙横幅
57.5、横 112	嘉庆御制诗文；符望阁下层北部东头东门上黄色横幅
155.5、横 112	佚名画山水贴落；符望阁下层西部北间东炕上北面
82、横 110	乾隆御制诗；符望阁下层东部北后间西墙上乾隆御笔黄色横幅
175.5、横 78	嘉庆御制诗文；符望阁下层南部东小间北墙上中堂贴落
107、横 114	嘉庆御制诗文；符望阁下层西部中间东炕迤南南墙上贴落
158、横 72	袁瑛画山水人物贴落；符望阁下层北部西头南假门上贴落
57.5、横 112	嘉庆御制诗；符望阁下层北部东头东门上横幅
101.5、横 190	嘉庆御制诗文；符望阁下层东部炕南南墙上贴落
从 127、横 107.5	嘉庆御制诗文；符望阁下层西部北间东炕上东墙上贴落
166、横 113	嘉庆御制诗文；符望阁下层（未知具体明间、方位）南面贴落
纵 270、残横 270	董诰画（不确定画面内容）；符望阁东门内明间南墙通景画
446、横 282	蒋懋德画（不确定画面内容）；符望阁下层北部西小间内南墙上大贴落

符望阁内檐部分贴落概况①

序号	作者	文物编号	类别	质地
1	乾隆御笔	故 198972	法书	纸
2	方琮	故 198975	绘画	绢
3	董邦达	故 198996	绘画	绢
4	董诰	故 199003	绘画	纸
5	谢遂	故 198979	绘画	纸
6	佚名	故 198976	绘画	纸
7	嘉庆御笔	故 199005	法书	绢
8	嘉庆御笔	故 198999	法书	绢
9	佚名	故 198997	绘画	绢
10	乾隆御笔	故 198995	法书	纸
11	嘉庆御笔	故 198992	法书	绢
12	嘉庆御笔	故 198991	法书	纸
13	袁瑛	故 198998	绘画	纸
14	嘉庆御笔	故 198999	法书	绢
15	嘉庆御笔	故 199002	法书	绢
16	嘉庆御笔	故 198974	法书	绢
17	嘉庆御笔	故 198970	法书	绢
18	董诰	故 198986	绘画	绢
19	蒋懋德	故 198966	绘画	绢

①故宫博物院宫廷部宗教文物科提供。

晉哀君去國會秦

盟王城言辭尚體

要傳美陰飴甥小

人必報怨完繕興

戎兵君子知己罪

待命故主迎不和

志實一愛戴聯羣

符望阁板壁墙面的字画、案头桌上的珍玩时作以及床榻座椅的铺陈等，均为乾隆皇帝“钦定”，无不显示出乾隆帝的主观意志。

佚名画山水贴落

魏鹤龄画山水贴落

符望阁贴落画

文\李湜

每每步入其间，不仅可以感受到来自皇家的富贵与威严，还可以欣赏到来自不同社会阶层的画作，从中既可窥见它们各自不同的创作传承体系，也可以感受到在皇权之下，它们为满足皇室的审美需求所作的种种改变。

符望阁建成之际，一向重视室内装饰的乾隆皇帝，为了让居室环境显得儒雅而温馨，不仅以词臣画家及如意馆画家之作点缀其间，而且还将自己于乾隆二十六年（1761）、三十三年（1768）写的御制诗文贴于四壁，装饰空间。

目前，从符望阁取下的贴落画共十余件，画作作者是乾隆朝的词臣画家董邦达、董诰父子以及在如意馆供职的宫廷画家黄念、方琮、魏鹤龄等人。

贴落画作者：词臣画家

词臣画家是指公务之外，还以擅绘事为皇室创作，以邀恩宠的宫中重臣。清朝的词臣画家数量最多，艺术成就最大，影响最广泛，除董邦达、董诰外，还有蒋廷锡、钱维城、邹一桂、蒋溥等人。

董邦达（1699–1769），字孚存，一字非闻，号东山，富阳（今浙江省杭州市富阳区）人。雍正十一年（1733）考中进士，曾任工部、礼部尚书等职，参与编纂过内廷《石渠宝笈》《秘殿珠林》《西清古鉴》诸书。谥曰“文恪”。

董邦达擅绘山水，近学同时代的王原祁，远宗五代董源、元代黄公望及明代董其昌。其所绘峰峦浑厚，云气蒸腾，给人以秋高气爽、心旷神怡之感。在乾隆皇帝的眼中，董氏的艺术已达到所绘物象从笔法到构图到意境无可挑剔的地步。因此，他大量收藏董氏画作，董氏也借机投其所好，频频献画入宫，赵尔巽《清史稿》记载，董氏“久直内廷，进御之作，大幅寻丈，小册寸许，不下数百”。他由此成为乾隆朝入藏画作最多的词臣画家之一。符望阁建成之际，董邦达已过世多年，但是乾隆皇帝仍然坚持将董氏一幅小写意的崇山峻岭《山水图》张贴于“符望阁下层北部东头东门北边”，由此可见乾隆皇帝对董邦达的赏识非同一般。

董邦达 山水图
绢本 设色 纵 174cm 横 54cm
故宫博物院宁寿宫花园符望阁一层北部东头东门北边贴落

董诰 梅茶水仙图
纸本 设色 纵 98cm 横 225cm
故宫博物院宁寿宫花园符望阁北门西南间西墙

董诰字雅伦，号蔗林、柘林，生于乾隆五年（1740），当时董邦达已45岁。天资聪颖的董诰在慈父良师的严格教导下，不负众望，于乾隆二十八年（1763）考中进士，名列一甲第三。乾隆皇帝见他是董邦达之子，遂将他改为二甲第一，为传胪，授翰林院庶吉士。董诰从此历任礼、工、户、吏、刑各部侍郎及户部尚书。晚年也像董邦达一样享受到钦赐"紫禁城骑马"的至高待遇。嘉庆二十三年（1818）病逝，谥"文恭"，终年79岁。

董诰在政治上，以忠诚、机敏、睿智著称于朝，为乾隆、嘉庆皇帝重用；在艺术上，以能书擅画，富有深厚的学识修养，为皇帝们赏识。他们不仅在其画作上写御制诗加以歌咏，而且，乾隆皇帝还常谕令他代笔题字，表现出对其极大的信任与喜爱。

董诰不仅像其父董邦达能绘山水，而且还妙于花卉画。他学仿恽寿平，构图疏密呼应得当，运笔柔中寓刚，笔法精巧工细，将枝叶苒苒、迎风浥露之姿表现得生动自然。乾隆皇帝选用了其《松竹梅图》《梅茶水仙图》贴于符望阁内，作为装饰。

董邦达、董诰父子同为清朝重臣，他们的画作同贴一阁，相映生辉，不仅是宫廷绘画史上的佳话，亦是董氏家族的无上荣耀。

贴落画作者：如意馆画家

《内务府造办处各作成做活计清档》（以下简称《清档》）之“如意馆”文档中，录有若干关于乾隆皇帝在符望阁建成之初，下旨令在如意馆供职的方琮、黄念、谢遂、魏鹤龄、袁瑛、蒋懋德等人为阁内绘制贴落的记载。

见记：乾隆四十年（1775）二月十九日首领董五经分三次向如意馆下发纸张，一次是首领董五经交给如意馆“宣纸三十七张”，传旨令杨大章、魏鹤龄、周本、姚文瀚等人为宁寿宫内符望阁、颐和轩、景祺阁、遂初堂、倦勤斋、景福宫、三友轩等画贴落，其中“符望阁西门内南间罩外南墙画对一副着杨大章画”。

另一次是首领董五经“交宣纸四张。传旨：宁寿宫符望阁东门内明间北夹道北墙西边画斗一张。竹香馆明南墙门上南面画条一张楼上罩外南墙画斗一张、符望阁二层楼上东间罩内南墙画斗一张着顾全画钦此”。

再一次是：“交宣纸二十七张。传旨：将宣纸交如意馆，着方琮、魏鹤龄、谢遂等画。钦此。”这些宣纸全部用于宁寿宫区域内符望阁、乐寿堂、玉粹轩、竹香馆、倦勤斋等处贴落画的绘制，其中：方琮绘“符望阁南门内东间北墙挂轴心一轴”；谢遂绘“符望阁南门平台东边床罩内北墙画条一张”；姚文瀚绘“符望阁西门北间罩外画一张”；贾全绘“符望阁西门内明间南墙画斗一张、符望阁北门内西间西墙夔龙门两边画对一副”；周本绘“符望阁西门内明间北门东边画斗一张”；袁瑛绘“符望阁二层楼上东间罩内东墙宝座上横披一张”和“符望阁南门内平台东边床罩内画条一张”；徐扬绘“符望阁二层楼上西间罩内西墙横披一张、符望阁南门内北墙画对一副”；黄念绘“符望阁西门内南间床罩内北墙画条一张、符望阁东门内明间南夹道南墙门西边画斗一张”。

乾隆四十年十一月初一日首领董五经又二次传旨，见《清档·如意馆》记：“宁寿宫符望阁北门内西，方琮用白绢画《盘山景全图》，钦此。”又“宁寿宫符望阁明间罩内南墙画斗一张着袁瑛画”。同年的十一月初三日首领董五经再次传旨：“宁寿宫符望阁东门明间罩内南墙画斗一张着袁瑛画。”除如意馆首领董五经外，乾隆皇帝的随身太监胡世杰也曾经直接传旨，见乾隆四十年的闰十月二十八日《清档·如意馆》记：“宁寿宫转角楼、符望阁用线法画四张着王幼学等画，钦此。”

通过档文所记与符望阁现存贴落画的核对，共出现三种情况：一是既有档文也有实物；二是有档文而没有实物；三是没有档文而有实物。目前，所见到的有档文也有实物的是：方琮《山水图》、谢遂《雪景人物图》、黄念《人物图》、魏鹤龄《山水图》、袁瑛《山水泛舟图》、蒋懋德《山水图》等。

无论是词臣画家董邦达、董诰父子，还是如意馆的职业画家绘制的贴落，它们被按照皇室的意愿张贴于符望阁内，装饰着室内的空间环境。因此，每每步入其间，不仅可以感受到来自皇家的富贵与威严，还可以欣赏到来自不同社会阶层的画作，从中既可窥见它们各自不同的创作传承体系，也可以感受到在皇权之下，它们为满足皇室的审美需求所作的种种改变。

魏鹤龄 山水图
纸本 设色 纵 138cm 横 144cm
故宫博物院宁寿宫花园符望阁

谢遂 雪景人物图
纸本 设色 纵 162cm 横 72cm
故宫博物院宁寿宫花园符望阁下层南部东小间炕上南墙

黄念 人物图
纸本 设色 纵 163cm 横 112cm
故宫博物院宁寿宫花园符望阁

袁瑛 山水泛舟图
纸本 设色 纵 158cm 横 72cm
故宫博物院宁寿宫花园符望阁下层北部西头南假门上

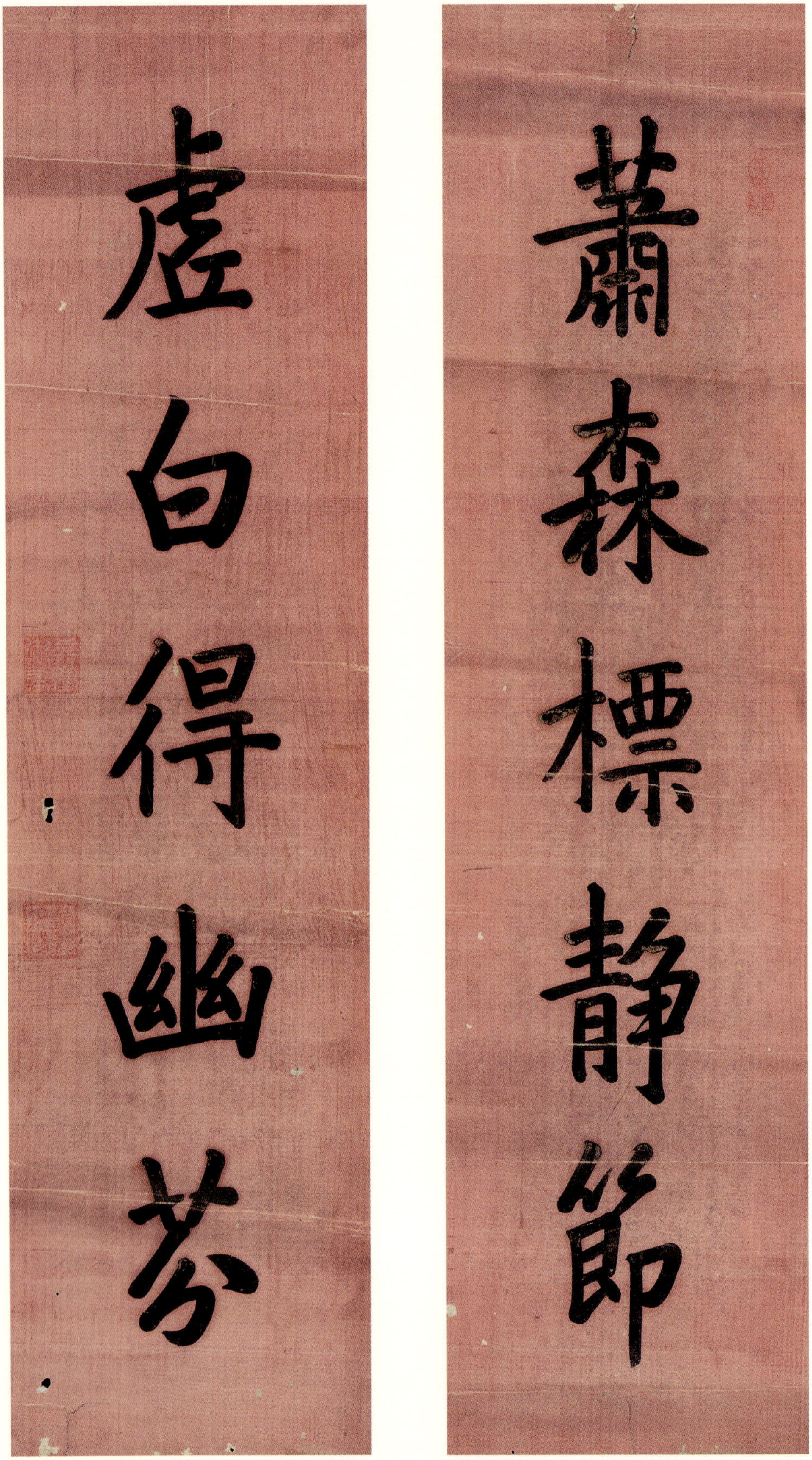

嘉庆御笔贴落

绢 纵 103cm 横 32cm

故宫博物院宁寿宫花园符望阁

墨拓韩幹明皇试马图

纸 拓片 纵 96cm 横 53.5cm

故宫博物院宁寿宫花园符望阁

会心澄怀望

符望阁内檐装饰的镶嵌工艺

乾隆四十二年（1777）十一月的一天，养心殿东暖阁内的一尊双鱼翡翠花插中，插上了两枝宫内暖房培植的扶桑——金珠牡丹。花插是造办处玉作遵照皇帝指定的式样，刚刚琢成进上的。这个琢玉工堪称奇人，他利用翡翠深浅变换的不同颜色，巧妙地把花插琢成两条青鱼游戏碧水白浪之间的形式，使皇帝大为赞叹。此时，青绿色的鱼口中，衔着两枝娇艳欲滴的红牡丹，真是令人叫绝！太监把这花插放到东墙下的紫檀条案上，顿时满屋生辉，连那金光灿灿、挂满了珠宝饰件的西洋钟表都显得逊色。毕竟是活物耐看啊！

（刘潞编著：《古稀天子乾隆》，香港：商务印书馆，1987年8月，第204-205页。）

符望阁中的宝石镶嵌

文╲孔艳菊

自夏代金器被发现有嵌宝石技艺以来，镶嵌工艺就开始了历史的延续和发展。镶嵌工艺的质地有金属、漆器、木器等，形成了融合多门技艺的工艺体系，是中国工艺美术史中集贵重宝石、精美技艺于一体的一朵奇葩。镶嵌作为一种装饰工艺，因材质和工艺门类不同，称谓也有较大的不同。事实上，在“镶嵌”一词出现之前，工艺已经有了充分的发展。广义上讲，具有镶嵌形态特征及工艺特征的文物种类众多，小到文具首饰，大到建筑装饰，镶嵌工艺的发展逐渐如一棵参天的大树，到明清时期枝繁叶茂。

清代镶嵌技艺在明代的基础上发展推广，艺术制品造型独特、用材厚重。而清代家具在尺寸上比明代更宽大，装饰更为华丽，其所用镶嵌材料选料范围更广、材质更珍稀。更为突出的是，在乾隆时期，皇帝将镶嵌工艺巧妙地应用到建筑内檐装饰中，尽显皇家的高贵和奢华。

符望阁位于宁寿宫花园第四进院落，始建于乾隆三十七年（1772），在形制上模仿建福宫花园的延春阁。其内檐装修独具特色，以子孙万代、福寿绵长为设计主题，巧妙组合了各种不同类型的装饰工艺，同时空间划分层叠回转，进入其中极易迷失方向。如今，符望阁内陈设虽已非当时原状，但仍能通过内檐装修，看到当年大量使用的宝石镶嵌、漆艺、玉器等装饰及装饰工艺。各类镶嵌所涉及的材料品类之丰富、制作工艺之精致，冠绝紫禁城古建筑群，不仅反映了清代宫廷装饰的风格，更加反映出镶嵌工艺的精妙。

符望阁内檐装修的镶嵌种类包含百宝镶嵌、竹丝镶嵌、漆器镶嵌等，这些镶嵌工艺均展现出了清代镶嵌作品特别是大体量作品的设计风格和制作水平。镶嵌工艺自产生之初到清代不断发展，并在清代中期达到鼎盛，所使用的材料也最为丰富，技术水平及镶嵌种类也在清代宫廷得以全面成熟和完善，工艺之精细达到后人无法超越的水平。

根据档案记载，符望阁内檐装修所涉及的镶嵌类陈设，主要由苏州、扬州地区的工匠承办，制作完成之后运抵京城。从《髹饰录》的记述中可以看出，清朝时期苏州、扬州镶嵌工艺最为发达，嵌螺钿、嵌百宝工艺领域出现了非常有名的工匠，技艺达到了相当高的水平。

上：符望阁紫檀边框嵌掐丝珐琅炕檐板（局部）

下：符望阁漆地嵌螺钿描金彩绘迎风板（局部）

符望阁西梢间落地罩 任超摄

符望阁百宝镶嵌构件类型及图案题材

镶嵌工艺多应用于家具、器皿、陈设用具、文玩的装饰上，而唯独在乾隆花园的各个建筑中，应用于建筑装饰，使镶嵌工艺的精美得到淋漓尽致的发挥。乾隆花园中的符望阁室内装修设计中汇集了百宝镶嵌、玉石镶嵌、竹木镶嵌、点螺等几种工艺的精美之作，使得建筑更加富贵、奢华。

符望阁镶嵌工艺代表了乾隆时期镶嵌工艺的典型特点。嵌玉石落地罩、槛窗，隔墙花窗，嵌百宝炕沿板、炕罩等使得内檐装修别具一格、富有变化，整体风格协调高雅。符望阁内檐装修主要突出“多子多孙”“福寿如意”“江山万代”三个主题。其一，镶嵌类装饰中紫藤花装饰图案应用较多，除了紫藤花漂亮的颜色和虬曲盘错的枝干在雕琢构图上比较美观之外，主要象征“多仔”，即多子多孙的喻义，表达了乾隆皇帝期望政权永固，天下百姓生活安康，子子孙孙万代不息、繁荣昌盛的愿望；其二，桃、蝙蝠、如意等元素象征福寿如意，几种元素相互结合，取其谐音就是“福寿双全、万事如意”的吉祥语；其三，“卍”字纹、龙纹、水波纹图案相结合，象征江山万年长，江山永固。此外，还有松、竹、梅象征高风亮节，这也与乾隆花园内其他建筑风格相呼应，比如三友轩。所有这些都符合乾隆花园整体意图与风格特点，建筑风格和内部设计浑然一体。

符望阁内檐装修百宝镶嵌材料分析

由于镶嵌材料的颜色丰富多彩，使得建筑不再仅仅局限于素雅庄重的木材、漆材，也使得花园的建筑轻松而富有变化，在雕梁画栋之间点缀一些自然风景装饰图案，不仅增添一些自然雅趣，也会让劳于朝政的心情更好地得到放松。这也是乾隆花园作为修身养性之所的主要功能。乾隆花园内檐装修中巧妙地利用百宝镶嵌工艺的特点，把镶嵌工艺的装饰性发挥到了极致。

符望阁内檐装修中百宝镶嵌工艺涉及材料有软玉、岫玉、玛瑙、象牙、象骨、琥珀、贝壳、绿松石、孔雀石、青金石、珊瑚、玻璃、牛角、金银、金星石、鸡翅木、椰壳、陶瓷、竹木等。

例如，符望阁中的一块迎风板，整体以黑漆螺钿金片平脱为底，上面除了嵌有笔墨书卷、文玩陈设，还有三个形状各异的花瓶，内插有牡丹、梅花、玉兰、紫藤等，均以浮雕的形式表现，材料使用达十五种之多，用和田白玉、粉红色的螺钿、芙蓉石、红色玛瑙、玻璃等嵌成，色艳质润；树叶用染色象牙、骨、青玉、孔雀石等；树干用鸡翅木、椰子壳刻成，利用天然的纹理和节眼来表现树木的鳞皴；其他部分也别具匠心，“扇子”用湘妃竹，“山子”用孔雀石，各件底座用紫檀木，并且木上嵌银丝图案，真可谓物尽其美丽、工尽其巧妙。

符望阁镶嵌工艺造型生动，颜色丰富，使用材料多种多样，不论是贵重材料，如象牙、蜜蜡、孔雀石、青金石及昆仑山脉的和田美玉，还是一般材料，如椰壳、贝壳等都得到合理充分的使用。在古代交通和工具不比今天发达，材料来之不易，挖掘采集、辗转运输都需要投入很大的人力物力，以及很高的时间成本，因此，古人对材料的使用都是“物尽其用”，为了不造成浪费，许多镶嵌材料会选用制作其他器物时所剩的边角料。

符望阁内檐装修百宝镶嵌及特色工艺

镶嵌做法

根据镶嵌构件与地子的关系分为两种做法 :“有隐起如浮雕的”，“有表面齐平不见起伏的”。镶嵌通常都有凹槽，然后将嵌件镶嵌于其中。嵌件有的厚于凹槽，一部分嵌进去，一部分外露即隐起如浮雕。有的则与凹槽厚度齐平，表面几乎不见起伏。

图 3.1 挖槽式镶嵌法

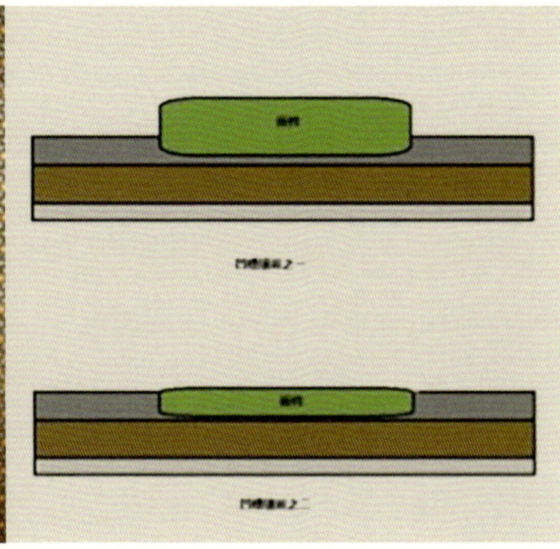

图 3.2 挖槽镶嵌法剖面图

图 3.3 平粘式

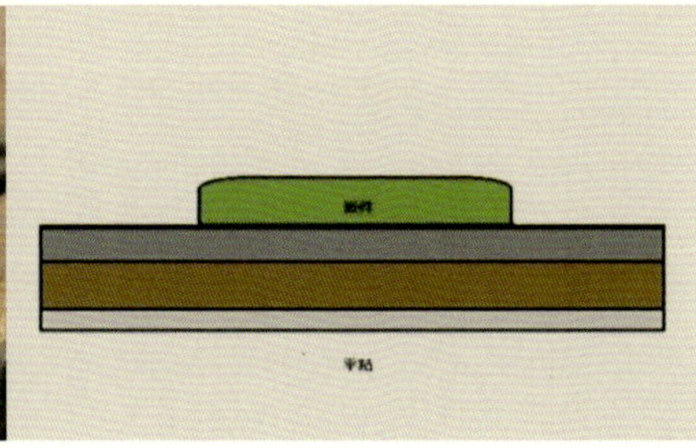

图 3.4 平粘式剖面图

做法是先在地子上刻出凹槽，再把嵌件填进去，凹槽有深有浅。偶尔也有直接粘在地子上的，如图 3.3 中绿色象牙材料的松枝就是直接粘接在地子上，除此之外的其他构件均有凹槽。故宫藏品中用镶嵌手法进行装饰的器物多数采用挖槽镶嵌的做法。由于凹槽镶嵌法费时费工，现在逐渐变成直接在地子上粘接，省去凹槽的步骤。符望阁的镶嵌工艺中镶嵌构件大部分“隐起如浮雕”，嵌件突出地子，并与地子有一定的“起位”关系，这也符合故宫博物院院藏镶嵌类文物的主要镶嵌手法。

镶嵌工艺基底的制作形式有三种，漆地镶嵌、硬木镶嵌和金属镶嵌。常规的漆地制作，以木胎为芯，芯层往上覆盖有漆层、布层、灰层、漆层、装饰层；往下依次是灰层、漆层。另外，还有直接在硬木上刻槽镶嵌的形式。

百宝镶嵌类文物通常都是在木胎或漆地上刻槽后把用宝玉石材料做好的花卉、人物、鸟兽、文字等元素组成景物、场面、图案、文章等，用来装饰器物、屏风、用具等，也用来记录名人轶事、历史事件。百宝镶嵌工艺制作的基本方法是：

步骤一：根据表达的主题设计图案，根据器物形状描绘样稿；也可以先制作器物，根据器物的形状、风格设计镶嵌图案，详细描绘样稿，以及确定镶嵌使用的材料、颜色等。

步骤二：挑选镶嵌材料，并对材料进行切割、粗磨。

步骤三：对镶嵌材料进行锼样雕琢、精细修饰、上色抛光。

步骤四：根据镶嵌构件的轮廓在漆地或木胎上刻槽，并嵌入。

步骤五：把构件一个个粘接进凹槽内（或用胶黏剂，同时用金属丝连接），并整体修饰。

特色工艺

镶嵌工艺的特点主要体现在百宝镶嵌，是将多种宝玉石材料汇集到一起，利用不同材质的颜色和光泽起到奢华的装饰效果。符望阁内檐装修中镶嵌构件的制作最具特色的是玉石花片的雕琢及镂空工艺、螺钿工艺、染牙工艺等，这些都有完美的展现。

1. 玉石花片雕琢及镂空

镶嵌工艺中使用的玉石有白玉、青白玉、青玉等，是产自新疆和田的玉料，其密度、硬度都较高，玉石表面光洁、色泽浓郁温润。一般采用浅浮雕减地雕刻的手法，以及镂刻工艺，即用锼弓沿图案边缘进行锼刻，然后对图案进行琢磨。镂空工艺是传统玉雕技艺的一项专业技术，与现代雕琢方法存在明显的不同，现代工艺已经不再使用传统锼弓、线锯，而是采用金刚砂钻头钻磨的办法，所以，雕琢的玉石花片在花纹的扭转、连接的细微处存在明显的不同。符望阁落地罩上镶嵌的镂刻玉石花片就是使用锼弓镂刻而成。

玉石镂雕是玉石雕琢的一种技术，是在平面或立体玉石上通过打钻、锼刻、镂空而产生透空的图案和多层次的空间位置及形象，是空间表现的一种技法和手段，以产生玲珑剔透的效果。符望阁内檐装修中镂刻技术主要表现在花片雕琢上，其线条流畅、虚实有致、设计巧妙。镂雕工艺虽然不如立体圆雕层次复杂，但仍然不失为花片雕刻的经典之作。古人使用简单的工具，将坚硬的玉石琢磨刻出千姿百态的珍异鸟兽、精细的花纹，这些表达所追求的精益求精、活灵活现和惟妙惟肖，是需要高深的艺术素养和日复一日的琢磨才能达到。

2. 螺钿衬色

《琴经》中写道："蚌徽须先用胶粉为底，庶得徽不黑。"螺钿底部垫色最早在古琴琴徽的镶嵌中使用，为了使琴徽粘接之后仍然光彩不变，就在底面先刷上胶粉，胶粉可以任意设色，因为胶粉的颜色可以透过壳面如图 3.6，以增加贝壳的色泽。后来“胶粉为底”推广到各种螺钿镶嵌工艺中，在符望阁嵌螺钿、玉石及其他材料时均根据需要在背后先刷上设色胶粉底，然后粘接。人工在嵌件底部设色一般适用于透明和微透明的材料上，象牙、木材、孔雀石等材料通常不在背面设色。

图 3.5 该花心的材料为贝壳，花瓣的花纹是由贝壳剖面透出底下的胶粉红色与自身的白色相互交错形成的

图 3.6 花心背面的红色胶粉，黄色部分是残留的旧用胶

3. 染牙

象牙染色是象牙雕刻后期的表面彩绘的一种技术，由于象牙具有柔和而又温润的光泽，质地细腻，硬度不高，非常适于雕刻和染色，先人们很快发现并利用这一种珍稀材料，制作并雕刻大量精美的工艺品。从明代遗存下来的镶嵌文物中可以看到较为成熟的染牙制品。在象牙构件雕刻完成之后，再在表面进行浸染或粉饰，使象牙具有其他宝石不能呈现的颜色或花纹。由此象牙染色工艺成为一种专门的工艺，具有独特的工艺技巧。古代象牙的染料大致分为两种，植物染料和矿物染料。工艺也大概分为浸染和彩绘，浸染的部分会使染料通过象牙结构的间隙渗入象牙内部，表面抛光不会掉色，而且表面仍能够看到象牙纹理，这类染色需要将象牙事先进行过酸处理，去除表层的油脂。另一种是将象牙表面进行彩绘，此时彩绘颜料有一定的厚度和覆盖力，会掩盖象牙本身的结构纹。彩绘的优点在于，可以在较小的雕刻品上绘制精美的图案。彩绘表面使用的颜料通常会是矿物染料，结合明胶或大漆进行涂饰和描绘。

从明代遗存下来的象牙制品中可以看出，染色工艺已相当成熟。到清代，象牙染色和彩绘工艺更为熟练，象牙雕刻的构件上具有精细的彩绘图案。

符望阁内檐装修中大量镶嵌构件使用染色工艺，是象牙染色工艺在建筑构件上的应用。主要使用浸染着色的方法，使色彩慢慢地浸融到牙质里去，这种染色，基本是通体染色，既不失去象牙的纹路和质感，又着色均匀，如自天成，如迎风板中的树叶、花梗、松枝等，使用染牙工艺使其达到仿真的效果，装饰风格自然、典雅。在百宝镶嵌中，染色象牙也经常与其他工艺的构件拼合，起到丰富多彩的艺术效果。这个时期的象牙染色工艺与其他雕刻技艺一样，技术娴熟，惟妙惟肖，在我国的雕刻工艺史上，均达到了鼎盛的阶段。

小结

符望阁内檐装修镶嵌工艺是太上皇宫花园装饰的典范，包含了乾隆皇帝退隐朝政之后隐居之所的装饰理念，自然风格的设计题材与制作工艺达到完美结合，巧妙含蓄地表达了乾隆皇帝希望江山永固、子孙万代的祈愿。

符望阁建筑及内檐装饰修复保护人员工作照　任超摄

五色金钿，雕镂剔彩：符望阁漆饰工艺

文／闵俊嵘

符望阁位于紫禁城宁寿宫花园的北部，是园区的主体建筑。这里是乾隆皇帝为自己建造用来颐养天年的太上皇宫。作为主人和总设计师，乾隆皇帝凭借雄厚的国力和自身的艺术修养，将宁寿宫花园妆成紫禁城中最华美的锦绣，而符望阁以其独特的建筑内檐装修，更是在紫禁城古建筑中首屈一指。

乾隆皇帝将自己南巡所见园林营造技艺，以及久负盛名的南方装饰技艺移植到宁寿宫区，以一国之力建造装修，富贵华丽却不显奢靡，依然文质彬彬。在符望阁内檐诸多装饰工艺中，漆器髹饰工艺得到了广泛应用，选材考究，制作精良，金漆、雕漆、螺钿平脱、百宝镶嵌等工艺应用在挂檐板、迎风板、隔扇、炕罩等大型建筑内檐构件上，“五色金钿，雕镂剔彩”，实在是一场视觉盛宴，令人应接不暇。

五色金钿

漆器髹饰工艺在我国历史悠久，天然大漆以优越的材质性能和丰富的表现力，在历代宫廷制器、建筑内檐装修中都有出色的表现。符望阁内檐装修是紫禁城建筑内檐装饰之中的翘楚，尤以金漆、嵌钿和雕漆等工艺的综合应用最为引人入胜，至今没有其他作品能够超越。

自古皇室内廷便喜好富丽的金色，清宫也不例外。符望阁内檐装修对金色的应用手法多样，显得游刃有余，把呈现金色的描金、晕金、罩金髹等，和螺钿平脱、百宝镶嵌等工艺并施，诚如《髹饰录》中所述斑斓工艺。

符望阁的传统描金工艺主要用于装饰首层百宝嵌迎风板的米色梅花和冰片纹背景。而三层多宝阁式屏风的屏帽将描金演化成晕金，云龙纹用金粉晕染出浓淡变化。藻井则通体使用罩金髹工艺，在整体贴金后罩漆，金色温润敦厚，至今依然熠熠生辉。符望阁首层前二进间和后二进间的金色漆纱则是整个紫禁城内的唯一现存，在桑蚕丝织造的方孔纱上髹漆、贴金，然后制作装饰纹样，在织物孔线之间将金漆工艺表现到了极致。这种漆纱工艺在战国至秦汉时期已经广泛应用，在丝织物上髹漆能够塑型和防腐，用来制作印绶、系带和纱冠等，众所皆知的乌纱帽便多是用漆纱制作。

符望阁的隔扇心将传统深棕色或者黑色的漆纱演变成金色，然后用纸张剪出卷草和西番莲纹样粘贴在漆纱上，双面塑造织纹凸起，用库金、赤金和银粉描绘出带有明度变化和冷暖变化的花朵、叶片，再描金勾勒边缘线，华丽且典雅。

金色和黑色、红色搭配在一起能够显现灿烂、华贵的视觉效果，符望阁金色漆纱正是被夹在紫檀木边框中，不带纹饰的素纱被夹在带有白玉嵌件的沉香雕刻之中，纱的金色和周边红棕色的紫檀、沉香以及白色的玉片相得益彰。目前修复和复制工作尚未完成，虽然尘垢下的漆纱失去了昔日的光彩，但是从清洗干净的局部便能想象出，两百年前面对这些金纱时，必然令人心神俱醉。

其实在符望阁，“金”“漆”还有另一种组合关系，是将金片和螺片切成规则的菱形，然后拼贴成规则的四方连续纹样，用平脱工艺制作成光彩夺目的背景，然后在上面镶嵌雕漆嵌件。螺钿镶嵌工艺中的“螺”是指“螺”和“贝”的统称，“钿”指的是金属片，又以金片为主，所以，符望阁这些螺片与钿片的平脱是非常标准的螺钿镶嵌，这些螺钿片的厚度只有零点一毫米，极薄、极碎小也极脆弱，粘贴时不能用手或者镊子夹取，只能以毛笔将其粘起来，然后点粘在涂好的胶漆上，干燥以后髹漆再磨平，制作成文质齐平的平脱工艺，因此，这种工艺也被称为“点螺”。点螺工艺一般都是用在小件文房器物上，而迎风板和挂檐板如此大体量的建筑构件，用点螺工艺做装饰背景，只有在不计成本的宫廷才能实现。

符望阁一层前二进间东次间的一块炕罩，紫檀包镶边框，金片与螺钿片平脱做背景，镶嵌博古图浮雕装饰，位于板心、黄色调的花瓶是珐琅工艺烧制而成，牡丹花分别用白蝶贝和黄蝶贝竖雕、平雕，衬色镶嵌，叶片用染色象牙与骨雕以及孔雀石制作；瓷质的花瓶中有白玉雕刻的玉兰、染色象牙的枝叶，料器烧制的紫藤花；还有青玉香炉、白玉香插、蜜蜡佛手、湘妃竹扇骨等，三十余种材质生动刻画出不同的造型组合。炕罩背面虽然在极不显眼的位置，同样倾注了大量心血，用金片与螺钿平脱工艺制作团花图案，团花纹样无一重复。

雕镂剔彩

雕漆工艺需要在器物胎体上层层髹漆，数十遍甚至一两百遍，耗材耗时，且后期雕刻要求制作者既善于绘画，又能将平面线描稿转化成浅浮雕立体效果，在层层剔刻浅薄后反复勾画，然后再雕刻纹样。这种工艺制作成本极高，常用在文房器具，或者体型较小的日用器物上，而在符望阁内檐装修中却作为嵌件，用在了首层后一进间挂檐板上；在首层东次间以及东梢间的迎风板，使用红绿相间的剔彩工艺制作了云龙纹的雕漆嵌件；首层前一进间的匾额和挂对，又将雕漆工艺和素髹工艺的主次关系对调，以剔红卷草龙纹作为边框，以红、绿、黄叠压的剔彩十二瓣花锦作为底衬，镶嵌素髹黑漆的文字，将雕漆工艺的繁复化作清净的背景，去衬托光素无纹饰的文字，这样的设计体现出了对文化的绝对自信。

《髹饰录》中记载：“剔红，即雕红漆也。髹层之厚薄，朱色之明暗，雕镂之粗细，亦甚有巧拙。唐制多印板刻平锦朱色，雕法古拙可赏；复有陷地黄锦者。”[①]杨明在《髹饰录》的注释中认为唐代雕漆“刀法快利”，这种风格是无法超越的。而实际上，唐代雕漆印版一样的雕刻风格和漆液调制方法和雕刻水平有关，漆液中油质偏少导致漆层过硬，刀法只能以“快利”应对。符望阁中的雕漆嵌件，以及匾额边框雕漆的快利风格，则早已经解决了漆质的密度配比问题，漆层可以在数月内保持如橡皮一般的松软，只是雕刻之后不再像元明时代工匠那样重力打磨，这一时期的雕漆工艺在技法水平上已经达到顶峰，如上述将文和饰颠倒位置一样，是技艺成熟的体现。

①王世襄：《髹饰录解说》，文物出版社，1983年3月，第118页。

清代宫廷内的雕漆工艺器具主要来自内务府造办处和以苏州织造为代表的南作工匠。在清代乾隆时期，苏州、扬州等地漆器髹饰工艺的整体水平甚至要高于宫廷。内务府造办处档案记载：

乾隆十八年五月初五日，员外郎白石秀、达子来说，太监胡世杰交雕漆海兽圆盒一件，传旨，着交南边一模一样做雕漆圆盒两件，钦此。于十九年十二月十七日，员外郎白石秀，将苏州织造安宁运到雕漆海兽盒两件。

江南织造和盐政承办宫廷漆器制作的记录有很多，乾隆花园中符望阁、倦勤斋、萃赏楼等建筑的内檐装修，是在清宫内完成设计以后，由两淮盐运使李质颖亲自在扬州督办制作，档案记载了李质颖乾隆三十八年十月六日的奏折："奴才李质颖谨奏，……伏查六七等月接奉内务府大臣寄信，奉旨交办景福宫、符望阁、萃赏楼、延趣楼、倦勤斋等五处装修……今已办有六七成，约计明岁三四月可以告竣。至监务一切应办事件，奴才俱已办理全完……为此恭折奏恳伏乞皇上恩允谨奏。"从档案记录中能看出李质颖在不到一年的时间，完成了乾隆花园内几座建筑的内檐装修任务，考虑到前文所述漆器髹饰工艺制作的难度，不得不赞叹佩服南方漆艺匠人技艺水平之精、工作效率之高。

乾隆皇帝曾明确要求子孙后代要保持符望阁原状，不可改作他用，符望阁如其所愿基本保持了乾隆时期的原貌。曾经以"迷楼"结构著称的符望阁，在经过近十年的勘察、研究和修复后，尘封的内檐装修面貌重新绽放，绚烂瑰丽的漆器髹饰工艺是其中引人入胜的亮点，其对材料的理解和应用，以及整体设计和制作，对于当下漆器髹饰工艺的保护与发展都具有重要的借鉴和学习的意义，是研究传统髹饰技艺的宝库。

符望阁紫檀框嵌螺钿龙纹雕漆迎风板

图片来源：故宫博物院古建部编：《木艺奢华》，天津大学出版社，2014年1月

符望阁的竹丝镶嵌工艺

文\郭泓

竹丝镶嵌工艺是将细如针锥的竹丝染色，再用若干根竹丝黏结成竹丝片，最后将竹丝片按照图案规律牢固粘贴到木质表面的一种工艺。竹丝镶嵌所用竹丝直径约 0.8 毫米，竹丝颜色有三种：一是黑色，这是经染色后呈现的竹丝颜色，拼接图案时可用做轮廓线或分界线；二是深黄色，这是竹丝青面朝上呈现的竹丝颜色；三是浅黄色，这是竹丝肉面朝上呈现的竹丝颜色。

符望阁内檐木装修采用竹丝镶嵌工艺的木构件集中于落地罩、栏杆罩、炕罩隔扇的裙板、绦环板、栏杆罩栏杆的绦环板及炕罩床榻前脸。其中隔扇裙板、绦环板为竹丝嵌万字锦图案，如首层东梢间前一进间西缝落地罩；栏杆绦环板为竹丝嵌龟背锦图案，如首层明间前二进间东缝栏杆罩；炕罩床榻前脸为竹丝嵌万字锦图案，如首层明间中进间炕罩。在竹丝镶嵌的裙板、绦环板上贴雕乌木拐子纹、海棠纹嵌玉纹饰，在竹丝镶嵌的床榻前脸上贴雕乌木如意纹。

竹丝镶嵌工艺利用竹子不同部位的天然颜色和人工染色的色彩搭配，达到丰富的图案色彩效果；利用深浅不同的色调组合，达到图案立体感与空间感的视觉效果。黏结工艺极其细致，是浙江东阳地区传承至今的高超手工艺技术。这种竹丝镶嵌工艺多用于器物装饰上，大面积地应用于建筑内檐装修十分罕见，充分体现出符望阁内檐装修高超的工艺水平。

符望阁内落地罩裙板上的竹丝镶嵌 任超摄

上元节夜幕下的畅音阁 穆泉摄

四景揽遐观

乾隆花园

乾隆花园的造园艺术

文／于倬云、傅连兴

乾隆花园之所以能在中国传统园林建筑中取得一定高度的地位，且在二百多年后的今天，仍然受到世人极大的关注，这都是设计者从场所环境的实际出发，巧妙运用造园理论的缘故。

故宫博物院东北部的宁寿宫一带现存的建筑物，建于清乾隆三十六年到四十一年间（1771-1776）。宁寿宫既是单体建筑的名称，亦是其所在区域的一组建筑群的代称，即指从锡庆门内九龙壁往北到贞顺门的46000平方米范围，称为“宁寿宫区”。

这组建筑的南半部，从皇极门起，包括皇极殿、宁寿宫等正殿；北半部分为东、中、西三路：东路为畅音阁、庆寿堂、景福宫等建筑，中路为养性门、养性殿、乐寿堂、颐和轩、景祺阁等建筑，而西路是一座花园，称“宁寿宫花园”。因这座花园是乾隆皇帝为倦勤归政、退休养憩而建，而花园中遂初堂、符望阁、倦勤斋等建筑的命名也间接反映出乾隆皇帝的归政心愿，因此人们又把宁寿宫花园称为“乾隆花园”。

故宮乾隆花園鳥瞰示意圖

庚申仙春

紧凑多变的平面布局

一般来看，大型园林往往采取“集锦式”的布置原则，将建筑物分别集中为许多建筑群，每组建筑都为一个独立单位，犹如苏式彩画中的“聚锦”。因此这种布局也称为“聚锦式”，即将建筑聚合成若干小组，各有特色，分布在全园中，以道路、长廊或水面相连，成为园中园，引人入胜。此种布置方法在御园、离宫（如西苑北海、颐和园、承德离宫）等大型皇家苑囿中都曾采用。小型私家园林因地势所限，往往采用紧凑的庭院连接的布局手法。乾隆花园虽是皇家园林，但基地狭长，不足十亩，因而与大型皇家园林的布局有所不同，借鉴了小型私家园林的布局手法，由南自北分隔成四进院落，合理地解决了基地狭长布局不易的难题。而院落之间在建筑安排及园景处理上，各具特色，显得富于变化。

从花园正门——衍祺门到古华轩为第一进院。院内古华轩北，是一带磨砖细砌的清水墙面，下面衬托着彩色石片镶贴的冰纹明台，一反宫中墙面朱红粉饰的定式。中间是一殿一卷的垂花门楼，而门内便是乾隆花园的第二进院。

第二进院的主体建筑是遂初堂。院中以湖石点景，花木三五，视野宽敞，气氛静谧，是一座典型的北京府邸住宅式院落。

遂初堂以北是第三进院。院内以山景为主，洞谷相通，环山布置建筑。山景主峰上建有一座方亭，称“耸秀亭”。山之北建有一座卷棚歇山顶的两层小楼，称“萃赏楼”。萃赏楼以北即是乾隆花园最后一进院。

乾隆花园中轴线剖面图

图片来源：王时伟、胡洁著：《数字化视野下的乾隆花园》，中国建筑工业出版社，2018年1月

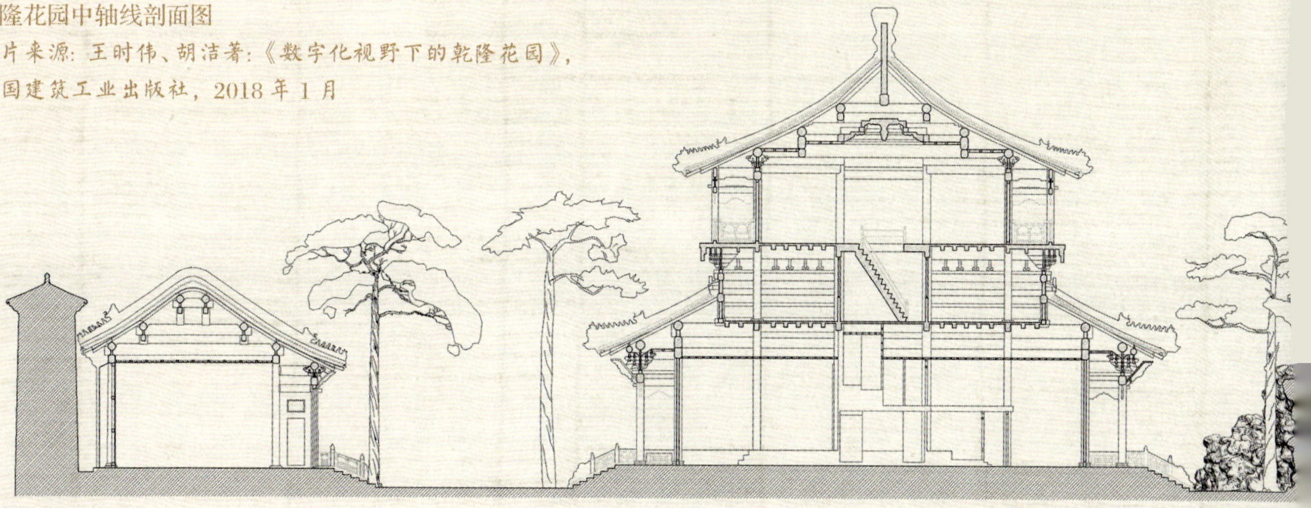

符望阁南部花园全景 任超摄

最后一进院以崇高华丽的符望阁为主体建筑。符望阁是一座面阔、进深皆是五间的楼阁，四周包围以游廊短墙，通连别院。符望阁内一层以精工细雕、金镶玉嵌的内檐装饰纵横间隔，构成繁复，极尽妙思，而穿门越槛之际极易迷失，有“迷楼”之称。

由楼梯往上，符望阁夹层空间的内檐装饰延续了一层的精致与华美，尤其落地花罩隔扇的双面绣夹纱，更是无比精美。穿过夹层，上到顶层，凭栏北望，景山诸亭历历，北海琼华岛白塔依依；南望，则近处有雕栏画栋、奇石古柏，远处是紫禁城内重重金顶，四面皆可见如画美景。

符望阁前叠假山以为屏，主峰上有亭，称“碧螺亭”。从平面图上看，亭呈五瓣梅花形。亭有五柱五脊，亭顶翠蓝色琉璃瓦及绛紫色琉璃瓦剪边，亭内翠蓝地白色冰梅图案为天花，柱间安装折枝梅花图案的白石栏板，造型别致，是园林建筑中少见的亭式。

亭南有石桥飞架，通萃赏楼。假山西南有楼，形同曲尺，楼东西三间，南北五间。楼下匾额题名为“养和精舍”。从符望阁前东望，小亭半露的墙面上，巧妙地布置着一排什锦漏窗，窗用绿色琉璃圈口，形状各异，红绿相映，虚实对比，平添不少韵致。

符望阁东面，曲廊一段，再东为颐和轩腰廊；符望阁西，对面为玉粹轩。符望阁北，对面为倦勤斋，与左右游廊整体形成一个院落。

从整体布局来看，设计者在全园规划、空间划分上取得了非常好的艺术效果。采用横向分隔的几进院落，解决了基地狭长的局限，而且分隔方式灵活自然。自古华轩至倦勤斋，四进院在布局上都各具特色，彰显出深厚的造园艺术传统。

叠山技巧的运用

乾隆花园地形狭长，地势平坦，四周既无自然景物可借，又无水体可以依凭，所以只能叠山取势，营造林泉氛围。在乾隆花园中，山石争奇斗胜，姿态万千，山峦、峭壁、洞谷、峰崖等应有尽有；雄奇、峻拔、幽邃、深远等意境层出不穷、变幻莫测。叠山手法大致有以下几种：

（1）园中高山多用峭壁叠法，如萃赏楼前后假山，均有陡直峭壁，高耸挺拔。所用石材大小相间，犬牙交错，有绝壁之险。亦有峭壁与山峦相结合之法，如符望阁南面屏山，中间一段为峭壁，而两侧则堆叠为气势较平缓的山峦，辉映成趣。

（2）于峭壁顶端，往往挑出数块巨石，以为悬崖式，即所谓“使坐客仰视，不能穷其颠末，斯有万丈悬崖之势”。这是悬崖与峭壁相结合所产生的叠山效果。耸秀亭檐下的悬崖，即有挑出数尺的惊险，崖边有石柱栏杆，近栏俯视，如临深渊。

（3）叠山中较多采用山峦连绵起伏的手法，如古华轩前重峦叠嶂与符望阁前屏山绵亘，都属山峦叠法。峦与峰又往往结合使用，以增加起伏效果。晚明计成《园冶》中有“峦，山头高峻也。不可齐，亦不可笔架式”之说，即指峰峦结合堆叠时，忌呆板，忌如尺规考量一般齐整。古华轩院中旭辉庭下依墙叠砌的山峦设计就非常成功。如果简单地另起山峦，则显得散碎孤立；如果与南山连绵，又显得庸俗繁琐。设计者将禊赏亭的台阶做成湖石踏跺，并于亭檐之下点缀几块山石，使南北两座山峦通过散点的湖石，含蓄地联系起来，达到了脉理连贯的效果。古华轩位于群峦环抱中，由于叠山有术，人身于轩中南望，有幽深静雅、清旷平远之感。

（4）以奇突石峰点缀假山中。乾隆花园中除假山顶端多用奇突石峰外，山腰、山脚、庭前、道旁等处亦置此类石峰。比如，玉粹轩南道旁石峰，碧螺亭两侧石峰，耸秀亭、露台四周，以及三友轩外石笋。

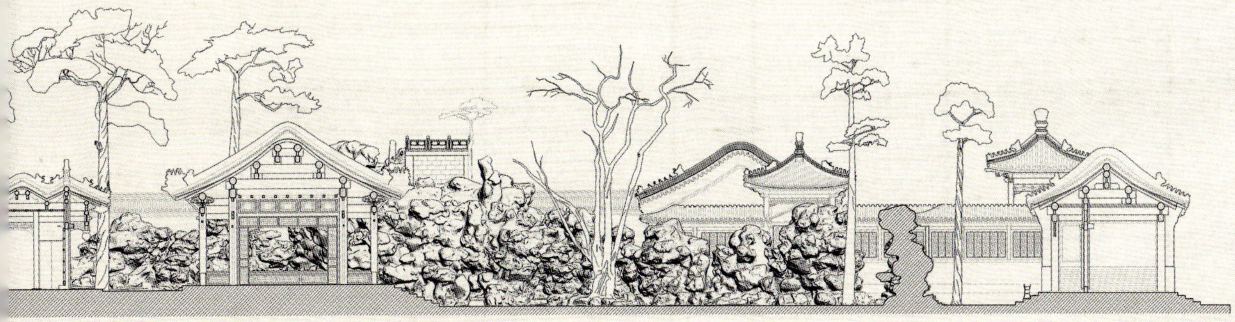

（5）以虚实结合之法叠石山中。不仅堆叠出峰峦峭壁，还配以洞谷悬崖。萃赏楼前后的山峦峭壁间，都有洞谷，蜿蜒曲折，虚实交错。碧螺亭下峭壁之间，留下许多小孔洞，采光与通风兼得，也为山石增添几许玲珑的意味。古华轩东侧假山，中间有券洞，包以湖石，设置朱红券门，开窗如洞窟，窗棂用瓦片组成球纹形式，颇具石窟寺庙的神秘感。券洞顶上为露台，此种上台下洞的处理，也属虚实结合的一种形式。

（6）叠山中有峡谷，亦是峭壁夹峙的山中狭道，有幽深感。耸秀亭檐下亦有峡谷，进深约 7 米，宛转与山洞接连，是通往三友轩、萃赏楼、遂初堂的山道。延趣楼前、衍祺门内各有一条狭长山谷，仅能一人侧身通过。这几处虽非主要通道，但是为叠山手法中相对重要的一环，丰富了山体的造型，再现出“虽由人作，宛自天开”的传统造园艺术。

有关乾隆花园的造园艺术

乾隆花园之所以能在中国传统园林建筑中取得一定高度的地位，且在二百多年后的今天，仍然受到世人极大的关注，这都是设计者从场所环境的实际出发，巧妙运用造园理论的缘故。其中建筑内檐的装饰方面，大胆地使用琉璃瓦、彩画等形式，可以认为是对“不镀不雕，宁拙毋巧”的造园理论的具体实践；对于“俗则屏之，嘉则收之”这一理论，在乾隆花园里也有创造性的运用。同时，设计者在整个设计过程中严谨、专注从园林布局到内檐装饰，都反复推敲，力求精致，对今天仍有深刻的学习意义。

本文节选自于倬云、傅连兴：《乾隆花园的造园艺术》，故宫博物院院刊，1980 年 3 月，第 3-11 页。

图书在版编目（CIP）数据

宫·符望阁：乾隆皇帝的“迷楼”/空间与陈设编辑室编.--

北京：故宫出版社，2019.7（2023.9重印）

（国人的设计美学）

ISBN 978-7-5134-1184-4

Ⅰ.①宫… Ⅱ.①空… Ⅲ.①宫殿－屋檐－建筑装饰－中国－18世纪 Ⅳ.①TU241.02

中国版本图书馆CIP数据核字(2019)第006308号

宫·符望阁：乾隆皇帝的“迷楼”

主　　编：王亚民

执行主编：宋小军

副 主 编：梁　爽

专题编辑：黄世琰

新媒体编辑：黄世琰

目录翻译：逄　芮

视频编辑：陈　伟

流程编辑：陈　伟

设　　计：北京知凡文化艺术有限公司

扉页题字：徐　冰

故宫博物院古建部、故宫出版社空间与陈设编辑室出品

故宫文物图片由故宫博物院古建部、资料信息部提供

编辑室电话：010-65214118
邮箱：SCFFCP@126.com

责任编辑：徐小燕　黄世琰　陈　伟　王　萍

责任印制：马静波　常晓辉

出版发行：故宫出版社

地址：北京市东城区景山前街4号　邮编：100009　邮箱：ggcb@culturefc.cn
电话：010-85007808　85007816

印　刷：北京雅昌艺术印刷有限公司
开　本：889毫米×1194毫米　1/16　印　张：10　字　数：30千字
版　次：2019年7月第1版　2023年9月第2次印刷　印　数：5001～6500册
书　号：ISBN 978-7-5134-1184-4
定　价：89.00元